効果検証入門

正しい比較のための因果推論／計量経済学の基礎

安井翔太 著 + **株式会社ホクソエム** 監修

Introduction to Causal Inference/Econometrics

技術評論社

嘘っぱちの効果と
それを見抜けない
データ分析

思い込みによる意思決定の蔓延

　「効果」という言葉をさまざまな場所で目にするようになっています。何かしらのテレビ番組を見れば、食の専門家が「ある食品はダイエットに効果がある」と語るのを見かけます。また会社のミーティングでは広告の専門家から「広告の出稿は売上を増加させる効果がある」という話を聞くことになります。さらに我が子の教育方針に悩みWebを検索すれば、特定の教育方法にどれくらい効果があるかを専門家が熱く語る記事を見ることになります。私たちは専門家たちが伝える効果という情報を信じ、日々さまざまな意思決定を行っているのです。しかし残念なことに、私たちが目にする効果に関する情報のほとんどは、測り方が間違っていたり、専門家の思い込みに基づいたりしています。

　効果に求められる性質として最も重要なものは**再現性**です。これは、効果があるとうたわれる教育方法や健康法を実際に実行した場合に、効果のぶんだけ何かしらの変化を得られるという性質です。もし再現性がなければ、効果を信用して意思決定を行ったとしても、期待された変化が得られないことになってしまいます。

　よって、効果に再現性を求めることは効果の質を高めることになり、より良い意思決定につながります。近年このような認識が広がったため、効果が確からしいのかを検証するためのデータを集めて集計や可視化といった分析を行い、その結果をもとにして意思決定する例が増えています。

　しかし、残念ながらその多くの試みは、効果を宣伝したい専門家がその情報を信じるに至った経験を数値に具体化したに過ぎず、専門家の主張や思い込みをデータで可視化しただけのものです。筆者も広告の世界で、データアナリストとして必死に広告データの傾向を分析・可視化し、ある季節にある商品が売れなくなるといった傾向や、テレビCMのあとにネット広告の効率が良くなることなどを提示したことがありました。ところが、広告やマーケティングの専門家からは「その結果は知っていた」という反応をもらうことが多く、時には有名な現象として名付けられていたようなこともありました。単純にデータを可視化することで効果を検証する

場合には、これと同様のフィードバックを受けることが多いのではないでしょうか。

「バイアス」によって見誤る効果

　実際のところ、データ分析による裏付けがないことで、説明される効果の質が問題になることは少なくなっています。問題になるのは、**比較が正しくできていないために、因果関係を示すことができていない**という点です。

　例えば、ある教育方法の効果について語る場合、理想的にはある1人の子供が、その教育方法で教育を受けたときし、受けなかったときの結果を比較する必要があります。しかしその多くは、その教育方法を受けた子供と、受けていない子供の結果の比較で効果の分析が行われます。そしてこの分析においては、この教育方法を受けた生徒は将来より良い大学へ進学し、より収入が高くなるという結果を得ることになり、この教育方法を宣伝している専門家の主張と一致する結論となります（図0.1）。

　しかし、この比較の方法の正しさに目を向けてみると、いくつかの欠点があることがすぐ分かります。例えば、教育熱心な親は教育に関するさまざまな情報を収集し、積極的にこのような教育方法を子供に施すことになります。この場合、この教育方法を受けている子の親は、受けていない子の親よりも平均的に教育に対してより関心があり、塾へ通わせたり自分で勉強を教えたりする傾向が強いと考えられます。

　このはかにも、所得が高い親は教育への出費を増やすことが可能なので、このような教育方法を子供に与える傾向が強くなると考えられます。よって、この教育方法を受けている子の親は、受けていない子の親よりも所得が高くなる傾向があり、さまざまな教育方法が施されると考えられます。

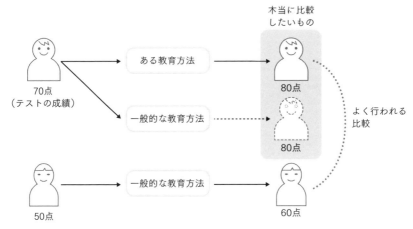

図中のラベル:

本当に比較
したいもの

ある教育方法

70点
（テストの成績）

一般的な教育方法

80点

80点

よく行われる
比較

50点

一般的な教育方法

60点

■ **図 0.1** ／教育方法に入り込むバイアス

　したがって、単に教育方法を受けたか否かで比較した差を効果とみなすことは、教育方法による本来の効果だけでなく、親の教育に対する関心度合いと所得の差から来る影響（バイアス）を加味していることになります。つまり、同質ではない生徒を比較することで、教育方法と将来の収入との因果関係を見誤っていることになります。

さまざまな比較に入り込むバイアス

　ワシントン大学の有名な授業に、「濃縮還元したオレンジジュース」と「普通のアップルジュース」を飲んで甘さを比較するというものがあります[1]。

　たとえ濃縮還元のジュースが甘いという結果だったとしても、その甘さの比較には製造過程による甘さの差に加え、オレンジとアップルというフルーツ本来の甘さの差が加わっていることになります。正しく比較したいのであれば、ジュースはオレンジかアップルかで揃えた状態で、濃縮還元とそうではないジュースの甘さを比較するべきです。

　ビジネスの現場においても、このように正しくない比較はさまざまな場

＊1　Calling Bullshit の例。https://callingbullshit.org/

面で登場します。例えば先進的なIT企業が導入する人事制度に注目が集まることがよくあります。自分の会社にその制度を導入することで、先進的なIT企業と同様の効果が期待できるという錯覚に陥ります。しかし多くの場合、制度自体に効果があるわけではなく、そういった環境の整備に強い関心があるという、もともとの姿勢に差があります。このような人事制度以外にも、導入するソフトウェアや技術などにも同様のことが言えます。

　このほかにも、BtoBにおける値下げの効果を比較する際にも典型的な問題が考えられます。BtoBの営業活動では、しばしば最後の一押しとして値下げが行われます。このとき値下げを行った場合と、行わなかった場合で契約の取れた割合を比較することを考えます。最後の一押しとして値下げが行われるのは、「値下げしなければ契約できない可能性が高い」という状況です。一方で、値下げが行われないのは「そもそも値下げしなくとも契約できそう」という状況が考えられます。このようなまったく違う状況で比較してしまうと、そもそもどのくらい契約が取れそうかという状況を無視してしまうことになります。

　本書では、どのようにすればバイアスを取り除きフェアな比較ができて、因果関係を示す正しい効果を知ることができるのかについて解説していきます。

 ## 因果推論と計量経済学のビジネス適用

　因果推論（Causal Inference）はこのような比較の問題に着目し、与えられたデータを使ってどうすれば**より正しい比較ができるのか？** を考える統計学の一分野です。因果推論には因果の問題を欠損値としてとらえたDonald Rubin[*2]のアプローチと、同一の問題をベイジアンネットワークと呼ばれる手法を出発点に考えたJudea Pearl[*3]のアプローチが存在します。

＊2　https://statistics.fas.harvard.edu/people/donald-b-rubin
＊3　http://bayes.cs.ucla.edu/jp_home.html

これら2つの流派は近年では非常に似通った議論を行う状態にありますが、その説明の仕方は大きく異なります。

本書で扱う計量経済学は、大まかにいえばDonald Rubinによる因果推論のアプローチによって経済的な事象の効果を評価するために用いる分野です。公共政策の実施や価格の変化といった経済的な事象を扱うという特性上、ビジネスにおいても直面するような分析上の問題への対策も多く整理されています。近年、EBPM（Evidence Based Policy Making）[*4]と呼ばれる正しい比較に基づく情報を使った政策の提案・実行が注目を集めています。EBPMに関する議論の場では、因果推論と計量経済学を用いて政策の効果を評価する試みが行政と経済学者の間で活発に議論されています。Judea PearlのアプローチはDAGなどの直観的なツールを持つ一方で、ビジネスにおいて頻出する広告の効果分析や価格が需要に与える影響といった分析を扱う実証論文ではほとんど見られません。

本書ではRubinによる因果推論のアプローチと、計量経済学の基礎的な手法について紹介します。特にビジネスに利用する上で押さえるべき基本的な知識を紹介することが目的です。よって、基礎的な考え方と手法についてなるべく平易に解説し、ビジネスにおける施策の評価をシンプルな集計と可視化で行う危険性についてふれたあとで、その対処方法の解説に移行します。

残念なことに、因果推論や計量経済学は日本のデータサイエンティストやビジネスの現場において軽視されがちな分野の1つとも言えます[*5]。しかし、これらの分野自体がビジネスの現場と相性が悪いというわけではありません。むしろ、GoogleやFacebookを代表とするような先進的なIT企業では、理想的な効果の検証方法だとされているABテストはもちろんのこと、因果推論や計量経済学を応用した分析例が増え、因果推論や計量経済学をバックグラウンドとするデータサイエンティストが採用されています。願わくば本書によって因果推論や計量経済学の考え方が少しでも広がり、ビジネスで利用される足がかりとなることを望みます。

[*4]　https://www.rieti.go.jp/jp/special/ebpm_report/002.html
[*5]　2019年10月時点で、ある大手転職情報検索エンジンにおいて因果推論で検索すると、筆者の勤務する会社しか検索されなかったこともあり、日本の企業ではまだその重要性が認知されていないか分かります。

本書の構成

本書の構成は以下のようになっています (図0.2)。

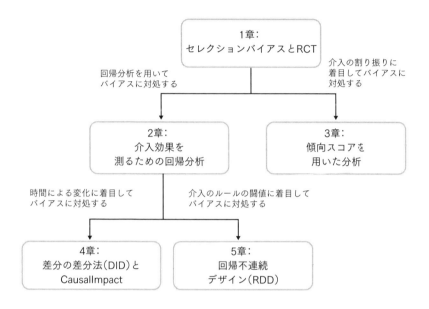

- 1章 セレクションバイアスとRCT
- 2章 介入効果を測るための回帰分析
- 3章 傾向スコアを用いた分析
- 4章 差分の差分法 (DID) と CausalImpact
- 5章 回帰不連続デザイン (RDD)

1章の前半では、典型的に行われている集計のみを用いた誤った検証を紹介し、後半では理想的な検証方法である**ランダム化比較試験（RCT）**を紹介します。ここでは単純な検証方法の問題点を明らかにするために、理想的な方法との比較を考えます。1章で理想的と定義するRCTは、実際には実験を必要とするため、多くの企業では実施の検討すら難しいという状況があります。2章以降では、RCTが行えないというありふれた状況においても利用できる因果推論の手法を紹介していきます。

　2章と3章は、介入や施策がユーザや企業による選択によって変化するという状態を利用して分析する方法について解説します。おおまかには、介入を受けたデータに対して、非常に似ているデータを介入を受けなかったデータから見つけて比較するといった方法です。

　2章では、**回帰分析**を用いた効果の検証方法について解説します。回帰分析は目的変数と説明変数の関係性を示すのに利用される基本的なデータ分析の手法です。本書ではこの回帰分析を用いて因果効果を推定する方法を紹介しています。これは因果関係を明示的に考慮しない分野における回帰分析の利用方法とは大きく異なります。ここでは効果の検証方法を紹介するとともに、ほかの分野とのプロセスの差についても簡単に紹介します。回帰分析は2章以降のすべての章において利用される手法です。

　3章では、**傾向スコア**を用いた分析方法を紹介します。傾向スコアは、効果を知りたい介入、例えば広告に接触したか否かといった、介入の割り当てに着目する分析方法です。傾向スコアは統計学的性質や分析プロセスが完全に整理されておらず、情報が頻繁に更新されています。本書では共変量のバランスの調整が傾向スコアの役割という認識のもとに、傾向スコアを用いた分析方法を紹介します。また、機械学習を用いた施策を利用する場合、傾向スコアを用いた分析が適していることがあります。機械学習を用いた施策における分析例も紹介します。

　回帰分析も傾向スコアも比較という観点で見ると、介入が行われたグループと介入が行われなかったグループの中で似ているサンプルを見つけて比較しています。しかし、企業で直面する分析課題では、介入や施策がすべてのユーザに対して行われることがあり、この場合は介入を受けなかったというデータを手に入れることができません。ある店舗での値下げ

の効果を知りたいと考えたときでも、すべての来店客に対して値下げをしていることが考えられます。これでは値下げを行わなかった同一の店舗のデータは存在しないため、2章や3章のような方法を利用できません。また、ほかの店舗のデータは店舗の傾向が異なるという理由でそのまま利用することはできません。4章ではこのようなケースに利用できる、**差分の差分法(DID)**とその拡張といっても良い**CausalImpact**について解説します。

　企業や行政において、介入があらかじめ定められたルールで厳格に決定されることがあります。例えば昨年の購入額が5,000円以上であればクーポンが配信されるといった状況です。このクーポンの効果を2章、3章の方法を利用して検証する場合、昨年の購入額が5,000円以上のデータと5,000円未満のデータが似ているという、やや無理のある仮定を置くことになります。このような一見分析が無理そうな状況においても、ルールの境界線である昨年の購入額が5,000円付近のデータに着目すれば、非常に似通った介入・非介入のデータを手に入れることが可能です。5章ではこのアイデアを起点にした分析方法である**非連続回帰(RDD)**を紹介します。

　一般的な計量経済学の教科書では、このほかに操作変数法と呼ばれる方法を扱います。操作変数は介入の割り当てに影響を与えるものの、効果が表れる変数に対しては影響を与えないような変数です。このような変数を利用して分析を行うと、操作変数の変動によって起きた割り当ての変化の部分から効果を推定できます。効果を分析する上では、必要なデータが入手できないことや人の能力のように原理的にデータとして表現することが難しいことがあります。操作変数はこのような要因で本来考慮するべきデータが入手できない際に利用される方法です。しかし、操作変数の条件は非常にシビアであり、そのような変数を発見するにはデータのドメイン知識に大きく依存することになります。よって、ビジネスの環境で発見することは非常に難しく、扱うことができるのは非常にまれであることから本書では解説を省略しています。

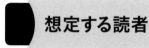

想定する読者

　本書は仕事で因果推論を使いたい方に向けた入門書です。

　効果検証を行う必要のあるエンジニアやデータサイエンティストを読者に想定していますが、企業に所属してデータ分析に興味を持ち始めた頃の自分自身をターゲットとして執筆しました。本書を読むにあたっては、基礎的な統計学に関する知識を前提としますが、それ以上の複雑な数学や数理統計の知識は不要です。

　効果を検証するという目的においては、これらの複雑な知識よりも、むしろ何が正しい比較を妨げているのかを考えるために必要なドメイン知識や、因果推論の基礎的な考え方を持っている方が大きなアドバンテージとなります。このことから、本書ではより直感的な解釈を得られることに優先順位を置いています。因果推論の詳細な理論や応用的なトピックを知りたい方にとっては本書は物足りないかもしれません。

　本書を読むメリットとして「因果推論の基本的な考え方が分かり、使えるようにもなること」を挙げた上で、さらに機械学習と因果推論を対比してイメージできるようになるという副次的な目標を掲げます。

　機械学習はその予測に対する有用性から、近年さまざまなビジネスの現場で用いられています。しかし、使用者の中途半端な解釈から、本来とは違った使われ方がされるようになってきました。効果の分析はその代表的な例と言えます。多くの機械学習モデルは予測を行うことに主眼が置かれ、それを目的とした理論的な研究が多く行われています。しかしビジネスの現場においては、機械学習は予測ができるという点を根拠に、効果の分析や事実の解明に利用されています。

　残念ながら本書の執筆時点では、因果推論と機械学習はいずれもそれだけですべてのビジネスの課題を解決する道具としては成立していません。機械学習と因果推論を対比して理解し、それぞれの手法の限界を知ることは、より効果的に課題を解決する道具として利用する上で非常に重要であり、ビジネスにおいてデータの価値を引き出すためにも必要な知識と言えます。

　また、近年では因果推論の考え方を機械学習で組み込む研究がNeurIPS、KDD、ICMLといった国際学会で見受けられるようになってきました。このような観点からも、機械学習を専門とする分析者が因果推論の基礎的なアイデアを学ぶメリットは年々大きくなっていると言えるでしょう。

サンプルコードとサポート

　本書で行う分析はR言語（R）で実行しています。Rを選定している理由には、大きく2つあります。

　1つ目はRが統計分析を目的に作られている言語であり、本書で扱う手法のほとんどがパッケージで提供されている点です。よって本書で扱う分析の基本部分は2〜3行程度の実装で実現できます。これはとりあえず因果推論と計量経済学を実務で試してみる際に大きな利点となります。

　2つ目は因果推論と計量経済学に関する実装やその例を扱ったドキュメントが多いという点です。本書では各分析手法の基本的な考え方や実装方法を紹介しますが、実際に使ってみると上手くいかないこともあるかもしれません。近年では因果推論や計量経済学を専門とする研究者やデータサイエンティストがRを使うことも増えてきているため、これらのヒントになるような分析の例やQ&Aをインターネット上で見つけることができます。

　コードの一部は本書の中で解説しますが、最終的な分析コード自体はGitHub上にBSD 3.0 LICENSEで公開しています。

https://github.com/ghmagazine/cibook/

　本書では、Rのコードを実行する環境としてRStudioを推奨しています。RとRStudioのインストールについては、付録を参照してください。

　また各章末に、章内で言及している論文や資料についてまとめ、「参考文献」として掲載しています。本書の解説をより深く理解したい場合などに参考にしてください。

目次

嘘っぱちの効果と
それを見抜けないデータ分析

1章 セレクションバイアスとRCT

2章　介入効果を測るための回帰分析

3章 傾向スコアを用いた分析

4章 差分の差分法 (DID) と CausalImpact

5章 回帰不連続デザイン (RDD)

1章

セレクションバイアスと RCT

ビジネスの場において、施策の効果検証は日常的な分析業務の1つです。しかし多くの場合、その検証は適切とは言い難い方法によって行われています。

本章では、あらゆる制約を取り払った際に実行できる最適な検証方法が無作為化比較試験（RCT）であるということを説明します。そして現実的な制約によりRCTが実施できない際に、RCTの結果を再現できるような検証方法を目指すべきという分析の道筋を示します。

1.1 セレクションバイアスとは

■ 1.1.1 効果

　本書ではビジネスにおいてとった何らかのアクションが、売上などのビジネス上重要な KPI（Key Performance Index）に与えた影響を**効果**と考えます。

　この何らかのアクションのことを多くのビジネスの現場で施策と呼びますが、因果推論や計量経済学においては専門的に**介入**もしくは**処置**と呼びます。例えば広告の出稿によって売上が増加した場合、その増えたぶんは広告出稿という介入の売上に対する効果ということになります。このような情報を得ることができれば、将来再び発生するであろう広告出稿に関する意思決定に役立てることができます。

　この定義は非常にシンプルなものですが、何の実験も施していない状況で得られたデータからこの効果を特定することは非常に難しいと言えます。多くの場合、データ上の売上の変化は広告の出稿のような介入の効果のみではなく、同時に行われていた別の要因によっても影響を受けるからです。例えば、その要因として以下のようなものが考えられます。

- 商品やサービスのリニューアル
- 別の広告キャンペーン
- ポイントの配布やキャッシュバック
- 競合他社の広告キャンペーン

　これらのような介入以外のほかの要因による影響を無視してデータを解釈してしまった場合、その解釈をもとにした意思決定は本来とるべきものとは違うものになってしまいます。このような状況で特定の介入による効果を得るためには、ほかの要因による影響を取り除く必要性があります。

■ 1.1.2　潜在的な購買量の差

　メールマーケティングの例を挙げて詳細を説明していきます。

　ECサイトがユーザに商品を宣伝するメールを送信することで、購買を促すマーケティング施策を行うとします。あるユーザがこのECサイトで一定期間内に何円購買するかは、事前に誰にも分からないものの、決まった値が存在するとします。仮にECサイトが何の変化もなく運営を一定期間続けると、売上のデータからそのユーザがどれだけ購入したかが分かり、それはそのあらかじめ決められた値のぶんだけ購入が行われたと考えます。ここではこの「何もしなかった場合に起きる売上」のことを**潜在的な購買量**と呼びます。

　ECサイトは得られる売上を伸ばすために、メールに割引クーポンを添付するという施策を行います。クーポンをメールで受け取ったユーザは普段より安い価格に反応し、本来より多くの購買に至る可能性があると考えられます。よって、メールを配信することで、この潜在的な購買量に加えて、メールの効果によって増えた購買量が得られると想定しています（図1.1）。

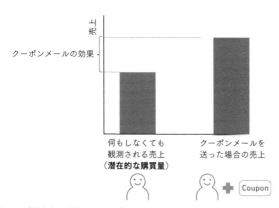

■ **図1.1**／潜在的な購買量とクーポンメールの効果

　マーケティング予算には限りがあるため、すべてのユーザにクーポンを送ることはできず、限られた数のユーザにメールを送ります。このとき、

3

クーポン付きのメールを送信するという介入が、ユーザ1人当たりの売上
をどれだけ増やしたかを知りたいとします。

　多くのビジネスの現場では、すでにメールが送信されて購買行動も観測
されたあとに、このような効果に関する分析の依頼があります。この場
合、入手したデータから、メールを受け取ったユーザと受け取らなかった
ユーザの売上の傾向を比較し、その結果をもとにメールの効果を議論しま
す。しかし、このようなデータにおける単純な比較では、効果を検証する
にあたって大きな問題があります。

■ 1.1.3　誤った施策の検証

　この差の何が問題なのかを説明するために、メールの割り振りのしくみ
を見てみましょう（図1.2）。多くの場合ではメールマーケティングをより
効率的に実施しようという観点から、ある程度購買の見込みのあるユーザ
にメールを配信します。

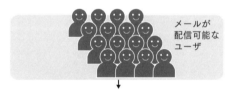

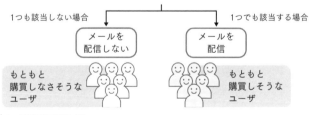

■ **図1.2**／メール割り振りのしくみ

　すると、次のようなユーザにメールの配信が集中することが考えられます。

- 過去の購買量が多いユーザ
- 最近購買を行ったユーザ
- クーポンが適用されている商品と同じ商品を過去に購買したユーザ

　よって、メールが配信されなかったユーザは、過去の購買が少なく最近購買もしていないようなユーザばかりとなり、潜在的な購買量はメールが配信されたユーザよりも低いことが分かります。このように介入の有無で別れた2つのグループで購買量を単純に比較すると、メールが配信されたグループの購買量と配信されなかったグループの購買量には大きく差がつくことになります(図1.3)。

　この差にはメールの効果はもちろん含まれますが、それ以外の潜在的な購買量の差も含まれています。この結果、仮にメール自体に大きな効果がなくても、潜在的な購買量の差によってあたかもメールマーケティングに絶大な効果があるかのように思える状況が発生してしまいます。

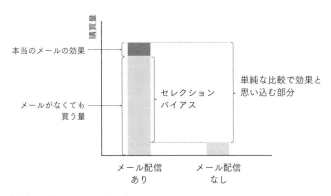

■ **図 1.3**／単純な比較による誤った検証(セレクションバイアス)

　これ以外にも、単純な比較が効果の検証を歪める例は数多く存在します。例えば有名な大学へ進学することは、年収に対して大きな効果があると考えられています。しかし、単純に大学の卒業者の年収を比較しただけでは、その効果を正確に検証できないでしょう。そこには、有名大学へ行ったことによる本来の効果に加え、受験によって学力の高い学生が選別されたことで生まれる、入学時点での能力や学力の差が含まれているからです。

　このように、データから得られた分析結果と本当の効果の乖離を**バイアス**と呼びます。そして、そもそも比較しているグループの潜在的な傾向が違うことによって発生するバイアスのことを**セレクションバイアス**[*1]と呼びます。

　このセレクションバイアスに対して、なんらかの対処を施した上で分析が行われなければ、得られる分析結果はほかの要因による差と興味のある施策による差が混ざったバイアスが含まれるものになってしまいます。そして、そのようなバイアスの含まれる結果をもとにした意思決定と、本来とるべき意思決定は異なることになります。

1.2　RCT (Randomized Controlled Trial)

　ほかの要因の差から生まれるバイアスは、どのようにすれば取り除くことができるのでしょうか？　まずは基本的な方針を考えるために、理想的な検証方法とはどのようなものかを本節で解説します。

■ 1.2.1　本当の「効果」と理想的な検証方法

　最も理想的な検証方法とは、「まったく同じサンプルで比較する」という方法です。これは同じサンプルにおいて、介入が行われた場合と行われなかった場合の、2つの結果を比較するということです。メールの例では、あるユーザにメールが配信された場合と、されていない場合の両方を観測して比較することになります。ただし、これは**実現性を考慮しない**ときに限ります。

　もしタイムトラベルが可能であれば、そのユーザにメールを配信してそのあとどうなるかを観測し、そのあと分析者のみが過去に戻って今度は配信せずにどうなるかを観測します。この場合同じユーザからデータを得て

[*1]　因果推論が多く利用される疫学における選択バイアスとは異なります。疫学における選択バイアスは、得られたデータが本来分析を行いたい母集団からランダムに得られていない状況を指します。

いるため、潜在的な購買量は同一です。このような状況では単純な比較をするだけで本当の効果の観測が可能になります。そして、仮に比較した結果として売上に差がなかった場合、メールがユーザの購買に対して何ら意味を持たなかったことになります。タイムトラベルさえできれば、メールの効果検証など造作もないということがお分かりいただけるでしょう。しかしご存知の通り、21世紀の現在においてタイムトラベルは不可能であり、実際にこの比較はできません。

　よって、ユーザからはダイレクトメールを送った場合かそうでない場合かの結果しか観察できず、それらの差である効果は観測できない、という現実世界の制約の中で何ができるのかを考えなくてはなりません。このように分析したい対象が介入を受けている状態か、介入を受けていない状態かのどちらかしか観測できないことにより、効果そのものを観測できないという問題は**因果推論の根本問題**と呼ばれています。図1.4は因果推論の根本問題を表しています。この場合、ユーザはメールが配信されているため、メールが配信されなかった場合の結果は観測できません。

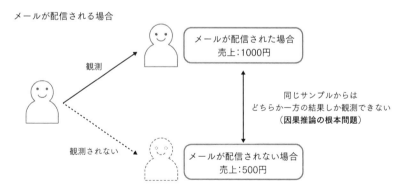

■ **図1.4**／因果推論の根本問題

■ 1.2.2　RCTによる検証

　実際に実行可能で最も信頼のおける効果の検証方法は、介入を無作為化してしまうことです。つまり、介入を実施する対象をランダムに選択して実験し、その結果得られたデータを分析することです。メールマーケティングの例に置き換えると、メールを送るユーザをランダムに選択し、その結果得られたデータで売上の平均を比較することになります（図1.5）。

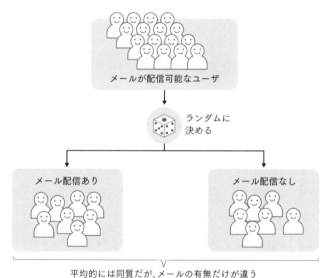

■ **図 1.5**／RCTのイメージ

　介入の有無をランダムに選択してしまえば、介入が行われるサンプルと行われないサンプルにおけるそのほかの要因も平均的には同一になることが期待できます。よって、ここで平均を比較して得られる分析結果はそのほかの要因による影響を受けないということになります。

　施策の割り当てをランダムにすることは、介入された場合とされなかった場合の両方の値を明らかにはしてくれませんが、介入が行われたグループと行われなかったグループの比較を可能にしてくれます。このメール配信のような、効果を知りたい施策をランダムに割り振り、その結果として得られた

データを分析して比較することは**RCT（無作為化比較試験、Randomized Controlled Trial）**と呼ばれ、さまざまな科学分野で効果を検証する際に利用されています（図1.6）。また一方でこのような検証方法は一部の高度なデータサイエンス組織を持つ企業においては**ABテスト**と呼ばれています[*2]。

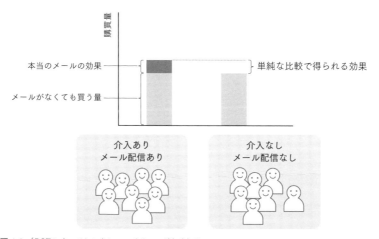

購買量

本当のメールの効果 — } 単純な比較で得られる効果

メールがなくても買う量 —

介入あり
メール配信あり

介入なし
メール配信なし

■ **図 1.6**／RCT によってセレクションバイアスがなくなる

今日の人間社会では数多くのRCTおよびABテストが実施されています。Narita（2019）によると2007〜2017年の間に約3.6億人もの人間が医療に関するRCTに参加しており、また、約2,200万人が教育政策などに関するRCTに参加しています。

これに加え、インターネット上の検索エンジン、SNS、動画配信サイトといったさまざまなサービスにおいては、ユーザに見せるコンテンツや記事の内容などさまざまなことをABテストで検証しています。実際に多くのWebサービスは、大量のABテストを実行することで、ユーザによってUI（User Interface）やサービスの質を変える運用を取り入れています。

RCTおよびABテストは、科学や先進的なIT企業の至る所で実施されており、これ自体がデータ分析の一分野と言える状況になっています。

[*2] 残念ながら AB テストと呼びつつもこのようなプロセスにのっとっていない分析は企業においては多数存在します。

RCT の詳細について知りたい方は Duflo et al. (2007)[*3] を参照してください。

1.3 効果を測る理想的な方法

ここまでに、効果とは施策以外の要因が同一となったような状況での比較によって、初めて知り得るということを説明しました。また、効果を実際のデータから測るには、RCT を行うことが理想的な方法であると述べました。本節ではこれらについて数式を利用して整理します。

■ 1.3.1　母集団と推定

本書では、観測されたデータの背後には、潜在的に観測し得るすべてのデータを含む母集団と呼ばれる集合が存在するという観点でデータをとらえます。手に入れたデータはその母集団から部分的に得られたものであり、手元のデータを分析するということは母集団の振る舞いをデータから推測することを意味しています。このように手元にあるデータから母集団の性質を推測することを**推定**と言います。

このとき、施策の効果はすべてのデータである母集団全体に対して影響しているものと考えます。よって、メール配信を施策とした効果検証のおおまかな目標は、得られたデータから母集団におけるメールの効果を推定することにあります。このとき注意するべき点は、分析の目的はメールの効果を知ることなので、母集団のすべての特徴に関して正しくとらえることは必ずしも必要ではなく、メールの効果のみに着目すれば良いということです。これはメール以外の要因、例えば過去の購買量やメール以外の広告が購買に与える影響などについては、正しくとらえる必要がなく、メールの効果のみを考えれば良いということと言えます。

[*3]　「政策評価のための因果関係の見つけ方」日本評論社（2019）

■ 1.3.2　ポテンシャルアウトカムフレームワーク

　まずは母集団における効果について考えてみます。あるサンプル（この例ではユーザ）i に対するメール配信による介入の状況を、ユーザ i にメールが配信された場合には $Z_i = 1$、メールが配信されなかった場合には $Z_i = 0$ で表します。

$$Z_i = \begin{cases} 1 & (\text{メールが配信された場合}) \\ 0 & (\text{メールが配信されなかった場合}) \end{cases}$$

　次にユーザ i の売上を介入のある場合とない場合で表します。ここではメールが配信された場合の売上である $Y^{(1)}$ と、配信されなかった場合の売上である $Y^{(0)}$ の2通りが存在することになります。

$$Y_i = \begin{cases} Y_i^{(1)} & (Z_i = 1) \\ Y_i^{(0)} & (Z_i = 0) \end{cases}$$

これは以下のようにも表現できます。

$$Y_i = Y_i^{(0)}(1 - Z_i) + Y_i^{(1)} Z_i$$

　このようにあるサンプル i において、介入が行われた場合の結果 $Y^{(1)}$ と行われなかった場合の結果 $Y^{(0)}$ があることを考え、その差に介入の本当の効果があると考えることを**ポテンシャルアウトカムフレームワーク**（**Potential Outcome Framework**）と呼びます。また、$Y^{(1)}$ と $Y^{(0)}$ のどちらかが観測され、どちらかは観測されないことになります。このとき観測されない側の結果を**ポテンシャルアウトカム**（**Potential Outcome**）と呼びます。

■ 1.3.3　ポテンシャルアウトカムフレームワークによる介入効果の推定

　今度は著者が作成した擬似的なデータで考えてみましょう。
　表1.1のデータは、それぞれ次を表しています。

- i 番目の行がユーザ i
- ユーザ i の売上である Y
- ユーザ i にメールが配信された場合とされなかった場合の売上である $Y^{(1)}$ と $Y^{(0)}$
- ユーザ i にメールが配信されたか否かを示す Z

▼ **表 1.1** / ユーザ売上（疑似データ）

i	Y	$Y^{(0)}$	$Y^{(1)}$	Z
1	300	300	400	0
2	600	500	600	1
3	600	500	600	1
4	300	300	400	0
5	300	300	400	0
6	600	500	600	1
7	600	500	600	1
8	300	300	400	0
9	600	500	600	1
10	300	300	400	0

例えば $i = 2$ のユーザは、2行目のデータで、Z の値が1ですのでメールが配信されたことが分かります。そしてそれにより観測される売上 Y は、メールが配信された場合の売上である $Y^{(1)}$ の値と等しくなります。

表1.1のデータは、メールの効果がすべてのユーザで等しく100になるように作成しています。先述のポテンシャルアウトカムフレームワークで見た通り、効果は $Y^{(0)}$ と $Y^{(1)}$ の2つの値の差で表します。よって、メールが配信された場合の売上 $Y^{(1)}$ と、されなかった場合の売上 $Y^{(0)}$ の差によって、この値を得ることが可能です。

介入の効果を表す値 τ（タウ）は以下の式で表すことができます。

$$\tau = Y^{(1)} - Y^{(0)}$$

しかし、ここでは分析者は現実世界における分析と同じように、Y と

Z のみが観測可能であるとします。よって、この差分を直接計算して
ユーザに関する効果 τ を手に入れることはできません。

この2つの場合の売上を両方観測できれば、差分を直接計算してこの
ユーザに関する効果 τ を手に入れることができます。表1.1では、すべて
のデータにおいて $Y^{(1)}$ と $Y^{(0)}$ の差を100としています。しかし実際には
Y_i と Z_i しか観測できないため、$Y^{(1)}$ と $Y^{(0)}$ の差を直接観測すること
はできません。このように直接観測ができないような対象について、あれ
これ考えても基本的には不毛です。よって、今後は $Y^{(1)}$ と $Y^{(0)}$ の差分
を各ユーザごとに考えるのではなく、配信されたユーザのグループと配信
されなかったユーザのグループという、グループ間の比較に目を向け、平
均的な効果について考えていきます。

■ 1.3.4 平均的な効果

平均的な効果を考えるということは、$Y^{(1)}$ と $Y^{(0)}$ の差の期待値に興
味があることになります。この場合のメール配信の効果は、メールを配信
するときの売上の期待値と配信しないときの期待値の差で表されます。こ
れは以下のように表されます。

$$\tau = E[Y^{(1)}] - E[Y^{(0)}]$$

$E[\ ]$ は期待値を表し、母集団における平均を表しています。つまり、興
味のある介入の効果 τ とは、母集団における介入を受けた場合の売上の
平均と、介入を受けなかった場合の売上の平均の差ということになりま
す。このような効果は母集団における平均的な効果を示しており、**平均処
置効果**（**Average Treatment Effect**：**ATE**）と呼ばれています。

上の式を変形することで、メールが配信されたときの売上の期待値を配
信されなかったときの期待値とメール配信の効果との合計で表すこともで
きます。本書での基本的な課題は、入手したデータからいかにしてこの式
における τ をより正しく推定するかにあります。

$$E[Y^{(1)}] = E[Y^{(0)}] + \tau$$

■ 1.3.5 平均的な効果の比較とセレクションバイアス

　実験を行わずに担当者が選んだユーザに対してメールが配信され、ユーザの売上データが収集されていたとします。このデータにおいて最も簡単な効果の推定は、メールが配信されたユーザの売上の平均と、配信されなかったユーザの売上の平均の差をとることです。ここではこのような効果の推定値を $\hat{\tau}_{naive}$ と呼び、以下のように表します。このとき τ の頭に付いている帽子のようなマークはハットと呼び、得られたデータにおける推定値であることを表しています。

$$\hat{\tau}_{naive} = \frac{1}{\sum_{i=1}^{N} Z_i} \sum_{i=1}^{N} Y_i Z_i - \frac{1}{\sum_{i=1}^{N} (1-Z_i)} \sum_{i=1}^{N} Y_i (1-Z_i)$$

　このとき N は分析するデータのサンプルサイズです。表1.1の例に戻ってこれについて考えてみます。 $Y^{(1)}$ と $Y^{(0)}$ のどちらかは実際には観測できず、 Y と Z のみがデータとして観測できます。よって、 $Z = 1$ となるデータの Y の平均と、 $Z = 0$ のデータの Y の平均との差を考えることになります。表1.1のデータでは、メールを配信しなかったユーザの平均売上は300、メールを配信したユーザの平均売上は600となり、メールによって増加した売上は $600 - 300 = 300$ という結果が出ます。しかし、表1.1のデータではすべてのサンプルで $Y^{(1)}$ と $Y^{(0)}$ の差が100となっているため、平均の差を効果とすることは効果を過剰に見積もることが分かります。

　介入の効果を推定するために、介入を受けたサンプルとそうでないサンプルの平均の差を見ることは、そこまでおかしい分析には見えないかもしれません。実際このようなグループ間での平均の比較は、今日のビジネスの現場でも多く見られる効果の推定方法です。では一体なぜ100の効果しかないデータで300という分析結果が得られてしまったのでしょうか？グループ間の平均の比較が、実際には母集団の何を推定する方法になっているのか確認してみましょう。

　介入が行われたユーザの平均は、 $Z = 1$ のときの $Y^{(1)}$ の期待値 $E[Y^{(1)}|Z = 1]$ を推定していることになります。また、介入が行われなかったユーザの平均は、 $Z = 0$ のときの $Y^{(0)}$ の期待値 $E[Y^{(0)}|Z = 0]$

を推定していることになります。

　このように、ある変数（Z）がある値をとるときの、別の変数（Y）の期待値のことを**条件付き期待値**と呼びます。$Z = 1$ で条件付けるとは、$Z = 1$ となるサンプルだけに限定するという操作を意味します。よって、$Z = 1$ で条件付けた Y の期待値 $E[Y^{(1)}|Z = 1]$ とは、$Z = 1$ となるサンプルに限定したときの $Y^{(1)}$ の期待値ということになります。

　よって、グループ間の平均の比較は、以下のような条件付き期待値の差を推定していることになります。

$$\tau_{naive} = E[Y^{(1)}|Z = 1] - E[Y^{(0)}|Z = 0]$$

　先ほどの効果の定義と違うのは、それぞれの期待値に $Z = 1$ と $Z = 0$ の条件が付いている部分です。

　この部分がどのような影響をもたらすのかをさらに詳しく見ていきましょう。$E[Y^{(1)}] = E[Y^{(0)}] + \tau$ であることと $\tau = E[Y^{(1)}] - E[Y^{(0)}]$ を使って $E[Y^{(1)}|Z = 1]$ を分解すると、この差分は以下のようになります。

$$
\begin{aligned}
\tau_{naive} &= E[Y^{(1)}|Z = 1] - E[Y^{(0)}|Z = 0] \\
&= E[Y^{(1)}|Z = 1] - E[Y^{(0)}|Z = 1] + E[Y^{(0)}|Z = 1] - E[Y^{(0)}|Z = 0] \\
&= E[Y^{(1)} - Y^{(0)}|Z = 1] + E[Y^{(0)}|Z = 1] - E[Y^{(0)}|Z = 0]
\end{aligned}
$$

　これは、データから得たグループ間の平均の差である τ_{naive} は、$E[Y^{(1)} - Y^{(0)}|Z = 1]$ と $E[Y^{(0)}|Z = 1] - E[Y^{(0)}|Z = 0]$ の合計になることを意味しています。

　$E[Y^{(1)} - Y^{(0)}|Z = 1]$ は $Z_i = 1$ になるようなサンプルにおける効果の期待値を意味しています。Z の値と効果の大きさに関係性がないことを仮定すると、

$$E[Y^{(1)} - Y^{(0)}|Z = 1] = E[Y^{(1)} - Y^{(0)}]$$

ということになるので、この部分は本当の介入による効果を示していることになります。

　$E[Y^{(0)}|Z = 1] - E[Y^{(0)}|Z = 0]$ は介入が行われなかった場合の結果の

差を、実際に介入が行われたグループとそうでないグループでとったものです。これは1.1節で解説したセレクションバイアスに該当する部分です。よって、τ_{naive} とは、本当の介入による効果とセレクションバイアスを足し合わせたものということが分かります。[*4]

もし、セレクションバイアスの値が0になるのであれば、グループ間の平均の差である $\hat{\tau}_{naive}$ は本来の効果と等しくなるため、効果を正しく推定できる方法ということになります。

では表1.1のデータで実際に平均の比較を用いて効果を推定してみましょう。表1.1のデータでは $Z = 1$ となっているサンプルにおける $Y^{(0)}$ は500となっており、$Z = 0$ となっているサンプルにおける $Y^{(0)}$ は300となっています。よって、セレクションバイアスの値は200ということになり、平均の差を比較して得られた300という推定結果は本来の効果である100にセレクションバイアスの200を加えたものであったことが分かります。

■ 1.3.6　介入の決まり方がセレクションバイアスの有無を決める

セレクションバイアスは、どのような場合に0ではないのかを考えてみましょう（図1.7）。

セレクションバイアスの1項目である $E[Y^{(0)}|Z = 1]$ は $Z = 1$ になるようなサンプルにおける $Y^{(0)}$ の期待値です。つまり、メールが配信されたユーザについて、メールが配信されなかった場合の売上の期待値をとったものです。一方で2項目の $E[Y^{(0)}|Z = 0]$ は、$Z = 0$ となるサンプルにおける $Y^{(0)}$ の期待値です。これはメールを配信しないユーザについて、メールが配信されなかったときの売上の期待値をとったものです。

メールが配信されないときの売上は、そのユーザの潜在的な購買傾向を表しているため、$E[Y^{(0)}|Z = 0]$ と $E[Y^{(0)}|Z = 1]$ の比較はそれぞれのグループの潜在的な購買傾向を比較していることになります。つまりセレクションバイアスとは、メールの配信対象となるユーザと、配信対象にならないユーザにおける、メールを受け取らないときの売上の違いということ

[*4]　セレクションバイアスに関する直観的な解釈は次で解説する図 1.6 を参照するのが良いでしょう。

になります。

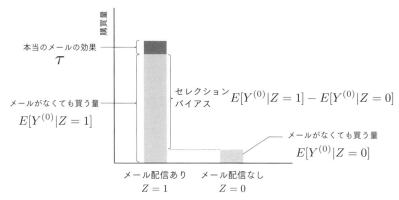

　メール配信の対象を決定する方法が、それぞれのグループの潜在的な購買傾向を考慮するような方法であれば、セレクションバイアスは0にならないでしょう。例えば購買見込みの高いユーザのみにメールを配信するような場合、メールを受け取るユーザの潜在的な購買量 $E[Y^{(0)}|Z=1]$ は、メールを受け取らないユーザの潜在的購買量 $E[Y^{(0)}|Z=0]$ を大きく上回ります。よってこれらの差分であるセレクションバイアスは正の値になります。この結果 $\hat{\tau}_{naive}$ は、本当の効果と正の値を持つセレクションバイアスの合計の推定値となり、メールマーケティングの効果が過剰に見積もられることになります。

　よって、その効果を知りたい介入 Z が、$Y^{(0)}$ が高いと思われるサンプルに割り振られやすい状態では、セレクションバイアスの影響によって介入の効果は必ず過剰に評価されます。つまり平均を比較するだけの検証方法はこのセレクションバイアスを含む結果となり、それをもとにした意思決定を行うことはビジネス上大きなリスクになる可能性があります。これはマーケティングなどでよく見られる典型的なセレクションバイアスの問題です。また一方で、$Y^{(0)}$ が低いと思われるサンプルに介入がよく割り振られる場合は、セレクションバイアスの影響によって介入の効果は過少に評価されます。これは薬などのように、健康状態が悪い（$Y^{(0)}$ が低い）

患者に処方されやすい状況でよく見られる問題です。健康状態が悪い患者に薬の処方が集中した場合、 $Y^{(0)}$ が低い患者の健康状態が効果のぶんだけ改善し、 $Y^{(1)}$ が観測されることになります。しかし、薬が処方されなかった患者では高い値の $Y^{(0)}$ が観測されるため、これらの差分は本来の薬の効果よりも小さくなってしまいます。

セレクションバイアスの問題とは、データから推定している値が、本来の効果である $E[Y^{(1)} - Y^{(0)}|Z = 1]$ ではなく、 $E[Y^{(1)} - Y^{(0)}|Z = 1] + E[Y^{(0)}|Z = 1] - E[Y^{(0)}|Z = 0]$ というセレクションバイアスを含んだ別の値であるということです。

このように、推定している値がそもそも興味のある値ではない状況でデータのサンプルサイズを増やしたところで、興味のない値をより正確に推定するだけです。しかし、ビジネスの現場においては、しばしば分析のバイアスがサンプルサイズが大きくなることによって解決されるという謎の議論が行われるので注意が必要です。

■ 1.3.7 RCTを行った疑似データでの比較

「1.2.2 RCTによる検証」において、RCTは最も信頼のおける分析方法であると説明しました。ここではその理由について見ていきます。

RCTは介入の割り当てをランダムに決定します。よって、メールの配信を表す Z_i はランダムに決定されることになります。このとき、ランダムに配信対象を決めるため、潜在的な売上 $Y^{(0)}$ が高いユーザも低いユーザも、同じ確率でメールが配信されることになります。したがって十分にデータが多い場合には、配信か非配信のどちらか一方に潜在的な売上 $Y^{(0)}$ が高い値を持つユーザが偏ることはないと考えられます。つまり、潜在的な売上の期待値はメールが配信されるグループとされないグループでは同一になることになります。

$$E[Y^{(0)}|Z = 1] = E[Y^{(0)}|Z = 0]$$

このことから、RCTから得られたデータでは平均の比較におけるセレクションバイアスが0になることを期待できます。

$$E[Y^{(0)}|Z=1] - E[Y^{(0)}|Z=0] = 0$$

この結果、RCTから得られたデータでは $\hat{\tau}_{naive}$ は以下のようになり、さらに Z がランダムに決定しているため $E[Y^{(1)} - Y^{(0)}|Z=1] = E[Y^{(1)} - Y^{(0)}]$ となり、効果 τ の推定値となっていることが分かります。

$$\tau_{naive} = E[Y^{(1)} - Y^{(0)}|Z=1] + E[Y^{(0)}|Z=1] - E[Y^{(0)}|Z=0]$$
$$= E[Y^{(1)} - Y^{(0)}|Z=1]$$
$$= E[Y^{(1)} - Y^{(0)}]$$

よって、RCTのデータにおいて $\hat{\tau}_{naive}$ が算出された場合、その結果は施策 Z の効果について信頼のおける推定値ということになります。つまり、RCTとは Z の決定をランダムにすることでセレクションバイアスをなくし、グループ同士の比較についての妥当性を与えてくれる利点があるわけです。ここでもサンプルのデータを見てみましょう。表1.2は表1.1のデータに対して Z を振り直して Y を修正したデータです。

▼**表1.2**／RCTを行った際のユーザ売上（疑似データ）

i	Y	$Y^{(0)}$	$Y^{(1)}$	Z
1	300	300	400	0
2	600	500	600	1
3	500	500	600	0
4	400	300	400	1
5	300	300	400	0
6	500	500	600	0
7	600	500	600	1
8	400	300	400	1
9	500	500	600	0
10	300	300	400	0

表1.1では、Z は $Y^{(0)}$ が500であったサンプルのみに1となっていましたが、RCTを実行して介入をランダムに割り振った結果、ここでは $Y^{(0)}$

の値とは関係なく Z がランダムに決定されています。この状態で $Z=1$ であるサンプルと $Z=0$ であるサンプルにおいてそれぞれ Y の平均を算出すると、500 と 400 となり、その差は 100 です。よって、Z がランダムに割り振られているデータにおいてはセレクションバイアスは 0 となり、平均の差で効果が推定できることが分かります。

■ 1.3.8　有意差検定の概要と限界

　統計学について少しでも調べたり勉強したことがあれば、有意差検定について聞いたことがあるかもしれません。本書でもこの**有意差検定**を利用し、介入 Z の効果の推定結果が偶然得られた可能性について検証します。この場合の偶然得られた可能性とは、おおまかには母集団上では効果がまったくないのにもかかわらず、得られた手元のデータではあたかも効果があるような結果が得られているという可能性を指します。

　このような状況が生まれる要因には、入手できているデータが母集団から一部だけ取り出したものであるという統計学における一般的な考え方と、母集団においてもやはり $Y^{(0)}$ もしくは $Y^{(1)}$ のどちらかしか観測できないという因果推論の根本問題が存在することにあります。後者の事情は、例え母集団自体を観測できたとしても、$Y^{(0)}$ もしくは $Y^{(1)}$ のどちらか一方しか観測されないデータが無限にある状態であり、そこで推定される効果にもやはり不確実性が存在することを意味します。

　分析結果において、介入の効果が偶然得られたものであるかを評価するためには、メールを配信したとき（$Z_i = 1$）の Y の平均と配信しなかったとき（$Z_i = 0$）の Y の平均の差が 0 になるかを検証する必要があります。

　このような検証では**t検定**がよく利用されます。十分なサンプルサイズがある場合、手元に得られたデータにおける平均の分布はもともとのデータがどんな分布であれ正規分布で近似できるという中心極限定理から得られる結論を根拠に行われます[*5]。つまり、効果を示すグループ間の平均の

[*5] 本書では実際の分析の現場において中心極限定理自体を意識したりその証明が何かの役に立つといったことがまれであることから、この部分の解説は省略します。中心極限定理と t 検定に関する平易な解説は Angrist（2015）を参照すると良いでしょう。

差は正規分布に近似するため、この差が本来は0であるか否かはt検定を用いて評価すれば良いことになります。

t検定のプロセス

t検定は以下のようなプロセスで実行されます。

- 1. 標準誤差の算出

分析を行うためのデータは、母集団からサンプリングされた結果として得られたものと考えます。

標準誤差(**standard error**)とは推定されたパラメータの値、つまりデータ上のグループ間の平均の差が、母集団におけるグループ間の期待値の差からどの程度ずれているのかを示す値です。このあと説明する有意差検定にも用います[6]。大雑把には、得られた推定結果が変動しそうな範囲を示しているととらえても良いでしょう。

まず最初に分散 V を算出し、それを利用して標準誤差を計算します。グループ間の差の分散は以下のように算出します。このとき n と m は、それぞれ分析に用いるデータの $Z=0$ となっているサンプルサイズと $Z=1$ となっているサンプルサイズを表したものです。また、$\bar{Y}^{(0)}$ は介入が行われなかったグループにおける平均を表し、$\bar{Y}^{(1)}$ は介入が行われたグループでの平均を表しています。

$$V = \frac{\sum_{i=1}^{n}(Y_i^{(0)} - \bar{Y}^{(0)})^2 + \sum_{i=1}^{m}(Y_i^{(1)} - \bar{Y}^{(1)})^2}{n+m-2}$$

グループ間の平均の差の標準誤差は、分散を使って以下のように算出します。

$$SE = \sqrt{\frac{V}{m} + \frac{V}{n}}$$

---

[6] このような母集団上にあるパラメータの真の値を母数と呼びます。ビジネスの現場で、母数のことをサンプルサイズや分母として誤用することがあるので注意してください。

- 2. 効果の推定値と標準誤差を使ってt値を算出

　グループ間の平均の差を標準誤差で割ることで、グループ間の平均の差が標準誤差の何倍あるかを算出します。これを**t値**と呼びます。

$$t = \frac{(\bar{Y}^{(1)} - \bar{Y}^{(0)})}{SE}$$

- 3. t値を使ってp値を算出

　最終的に評価を下すための**p値**と呼ばれる値に変換します。p値は得られた推定結果が本当の効果が0であるにもかかわらず得られてしまう確率を示しています。近年ではp値の算出に関してはさまざまなソフトウェアが自動で行なってくれるため、計算のプロセスを特に意識する必要はありません。

- 4. p値を有意水準と比較する

　最後に得られたp値が設定した有意水準（本書では5%）よりも低い場合には、得られた結果が「本来の期待値は0であるという状態」から得られた可能性は十分に低いという結論を出し、統計的に有意な値であると評価します。効果の分析においては、この場合本当は効果が0であるというケースを形式的に否定することになります。一方で有意水準を上回るようなp値が得られた場合には、本当の効果が0であるというケースを**否定しきれない**という解釈になります。これは本当の効果が0であるとしているわけではないことに注意しましょう。

信頼区間

　p値以外に、**信頼区間**を利用した意思決定が行われることもあります。信頼区間は標準誤差から算出し、95%の信頼区間といったときには、推定値 ± 1.96 × 標準誤差を指します。このときの95%の意味合いは、100回データを変えて同じ推定を行ったとき、母集団におけるパラメータの真の

値が95回ほどはその区間に含まれるといったものです。信頼区間の◎◎
％の部分と標準誤差を何倍した区間をとるかは対応関係があり、近年Rを
含む多くのプログラム言語ではこの操作を自動で行います。また、信頼区
間は95％の区間を見ることが普通です。加えて、95％の信頼区間内に0を
含む場合には、p値が5％よりも高い状態と同じ意味を持つことになりま
す。

　本書ではシンプルさを優先するために深入りすることを避けますが、分
析の不確実性を評価することはそもそも非常に複雑な作業です。有意差検
定とは不確実性に関する評価を簡略化して考えるためのルールであり、絶
対的な判断基準というわけではありません。また、有意差検定はあらゆる
分析の結果に保証を与えてくれる便利な道具ではありません。例えば
RCTを行なっていないデータで有意差検定を行なう場合、セレクション
バイアスが大きいと有意差検定の結果は有意になりやすいことがありま
す。これは本当の効果とセレクションバイアスの和が0であるか否かを検
定しているので、効果とバイアスの正負が合致している場合には当然の傾
向と言えます。また一方で、効果とバイアスの正負が一致しない場合には
本当は正の効果があるのにもかかわらず、負のバイアスがかかることで推
定される効果が0に近くなり、本当は効果があるはずなのに有意な差が見
られないということにもなります。

　これらのことから、有意差検定は何でもかんでも効果を保証するような
道具ではないことが分かります。乱雑な集計による分析を行ったあと手当
たり次第に検定を行ない、その質が担保されていると主張することはビジ
ネスの現場でしばしば目撃される行為です。

1.4 Rによるメールマーケティングの効果の検証

ここでは実際にRを用いて、RCTを行ったデータとバイアスのあるデータを集計することによりグループ間を比較してみます。

■ 1.4.1　RCTを行ったデータの準備

では実際にメールマーケティングの効果をMineThatData E-Mail Analytics And Data Mining Challenge dataset[7]というデータセットを分析して確認してみましょう（表1.3）。このデータセットは、ECサイトのユーザに対してRCTを適用したメールマーケティングを行ったものです。

介入は男性向けメールと女性向けメールの2つがあり、メールを送らないという選択肢も合わせて3つがランダムに割り振られています。データセットには以下のような変数が含まれています。

▼ 表1.3 ／ MineThatData E-Mail Analytics And Data Mining Challenge dataset における変数とその説明

変数名	説明
recency	最後の購入からの経過月数
history_segment	昨年の購入額の階層
history	昨年の購入額
mens	昨年に男物の商品を購入しているか？
womens	昨年に女物の商品を購入しているか？
zipcode	zipcode をもとに地区を分類したもの
newbie	過去12カ月以内に新しくユーザになったか？
channel	昨年においてどのチャネルから購入したか？
segment	どのメールが配信されたか？
visit	メールが配信されてから2週以内にサイトへ来訪したか？
conversion	メールが配信されてから2週以内に購入したか？
spend	購入した際の購入額

＊7　https://blog.minethatdata.com/2008/03/minethatdata-e-mail-analytics-and-data.html

　ここでは簡略化のために女性向けのメールが配信されているデータは削除します。

　まずデータセットがRCTによって得られたものということを利用し、理想的な結果だと考えられるRCTの分析結果を得ます。そして次に、データセットを調整することでセレクションバイアスの存在するデータを作り、バイアスのあるデータにおける分析結果を得ます。これら2つの結果を比較することで、バイアスのあるデータでの分析結果がRCTの結果からどのように乖離してしまうのかを確認します。

　データ操作を簡易化するdplyrパッケージを利用してデータの前処理を行います。Rのinstall.packages()を利用することでdplyrをインストールできます。実際にはtidyverseというパッケージに含まれているのでこれをインストールします。

（ch1_bias.Rの抜粋）

```
# (1) パッケージをインストールする（初回のみ）
install.packages("tidyverse")

# (2) ライブラリの読み出し
library("tidyverse")

# (3) データの読み込み
email_data <- read_csv("http://www.minethatdata.com/Kevin_Hillstrom_ ↵
MineThatData_E-MailAnalytics_DataMiningChallenge_2008.03.20.csv")
```

　まず男性向けのメールが配信されたサンプルとメールが配信されなかったサンプルにデータを限定するために、女性向けのメールが配信されたデータをデータセットから削除します。これはfilter()を利用することで以下のように実行できます。

（ch1_bias.Rの抜粋）

```
# (4) データの準備
## 女性向けメールが配信されたデータを削除したデータを作成
male_df <- email_data %>%
  # 女性向けメールが配信されたデータを削除
```

```
filter(segment != "Womens E-Mail") %>%
# 介入を表すtreatment変数を追加
mutate(treatment = if_else(segment == "Mens E-Mail", 1, 0))
```

%>%はパイプ演算子 (通称：パイプ) と呼ばれ、近年のRにおいて頻繁に用いられます。%>%は前の関数までの出力結果を次の関数の入力 (第1引数) として渡すように機能します。

つまりここではemail_dataというデータを読み出して、その内容をfilter()の入力として渡していることになります。filter()は入力されたデータから指定した条件式に見合うデータのみを抽出して出力するという関数です。よって、ここではemail_dataのsegmentという変数が "Womens E-mail" 以外の値を持つデータだけを残すという処理になっています。そしてこれらの操作の結果が先頭にある代入演算子<-によってmale_dfへと代入されていることになります。%>%は何回でも続けることができ、必要に応じてさらに関数をつなげることができます。これにより、データを操作したい順序に従って関数をつなげるだけで思い描いていたデータに加工できます。

filter()によって女性向けメールが配信されたサンプルを取り除いたので、この処理を行ったデータは男性向けのメールを配信するか、メールを配信しないかがランダムに決定されている状態です。

次に介入が行われているか否かを示すtreatmentという変数を新たに作成して、データに追加します。これにはmutate()を利用します。mutate()はその中に変数名とその定義を記入すると、%>%で渡された入力にその変数を追加した結果を出力してくれる関数です。ここでは、男性向けのメールが配信されているユーザを「介入が行われたユーザ」とし、メールの配信が行われなかったユーザを「介入が行われなかったユーザ」として明記するためにif_else()を使ってtreatmentを作成しています。

■ 1.4.2　RCTデータの集計と有意差検定

集計

まずはgroup_by()とsummarise()を用いて簡単な集計結果を確認してみましょう。ここではメールが配信されたグループとされなかったグループ

での購入の発生確率と購入額の平均を計算します。以下のコードの中で用いるconversionという変数は、売上が発生すると1、発生しない場合には0となり、spendという変数は売上の金額を表します。

（ch1_bias.Rの抜粋）

```
# (5) 集計による比較
## group_by()とsummairse()を使って集計
summary_by_segment <- male_df %>%
  # データのグループ化
  group_by(treatment) %>%
  # グループごとのconversionの平均
  summarise(conversion_rate = mean(conversion),
            # グループごとのspendの平均
            spend_mean = mean(spend),
            # グループごとのデータ数
            count = n())
```

先ほどと同じようにまずデータを読み込み、それを%>%によってgroup_by()に渡しています。group_by()では指定した変数の値ごとにデータを分割するような操作をします。今回はtreatmentを指定しているので、男性向けメールを表す"Mens E-Mail"の値を持つデータとメールが配信されなかったことを示す"No E-Mail"の値を持つデータの2つのグループへと分割されたことになります。そして分割されたデータをまた%>%によってsummarise()へと渡しています。summarise()は与えられたデータを集計する関数です。変数とそれに対して実行する集計の関数と結果を保存したい変数名を指定すると、指定した変数名のカラムに集計結果を保存してくれます。平均売上を算出したいとすると、spendに対してmean()を使って平均を計算して結果をspend_meanと命名するという意図でspend_mean = mean(spend)と指定します。これはサンプルコードのようにコンマ（,）で区切って複数指定できます。group_by()でグループ化が行われている場合には、グループごとに集計して結果を返してくれます。

この集計結果が含まれたsummary_by_segmentを呼び出すと、以下のような実行結果を得ることができます。これは介入が行われたか否か（treatment）の値ごとにデータをグループ化して、その中で購買の有無

(conversion)、売上金額 (spend) の平均を算出しつつデータ数をカウント
した結果になっており、カラムの名前はそれぞれ summarise() で指定した
ものになっています。

```
> summary_by_segment
# A tibble: 2 x 4
  treatment conversion_rate spend_mean count
      <dbl>           <dbl>      <dbl> <int>
1         0         0.00573      0.653 21306
2         1          0.0125       1.42 21307
```

　この結果を見てみると、男性向けメールが配信されたグループでは
conversion が発生する確率が1.25%であるのに対し、メールが配信されな
かったグループでは0.573%であり、メールが配信されているグループの
方が購買 (conversion) が発生する確率が高いことが分かります。つまり、
メールを受け取ると売上が発生する確率が0.677高くなっていることが分
かります。そして売上金額 (spend) の平均を比較すると、メールを配信し
ているグループはそうでないグループよりも0.767程度高いことが分かり
ます。つまり、メールが配信されると売上が発生しやすくなり、その影響
もあり平均の売上金額が押し上がっていることが分かります。

有意差検定

　さて、今集計しているデータは RCT によって得られたデータであるた
め、セレクションバイアスの問題はないと考えられます。よって、今得ら
れている結果に対して有意差検定を行えば、この結果が本来の効果が0で
あるにもかかわらず偶然生まれたものなのかを評価できます。R には t 検定
を行う t.test() という関数があるので、これを利用してみましょう。

　まずは male_df からそれぞれのグループの売上金額 (spend) を取り出しま
す。ここでは filter() と pull() を利用します。まず male_df を filter() に
渡し、treatment の値でデータを絞ることで特定のグループだけに限定しま
す。そのあとに pull() で指定した変数をベクトルとして受け取ります。

　そしてそれによって得られたデータを t.test() の入力として検定を実

行します。このとき var.equal という引数を TRUE にして実行します。これ
は mens_mail、no_mail の2つの売上のデータ、つまり介入が行われたとき
の売上 $Y^{(1)}$ と介入が行われなかったときの売上 $Y^{(0)}$ が同じ分散を持つ
ことを仮定するものです。

（ch1_bias.Rの抜粋）

```
## (a)男性向けメールが配信されたグループの購買データを得る
mens_mail <- male_df %>%
  filter(treatment == 1) %>%
  pull(spend)

## (b)メールが配信されなかったグループの購買データを得る
no_mail <- male_df %>%
  filter(treatment == 0) %>%
  pull(spend)

## (a)(b)の平均の差に対して有意差検定を実行
rct_ttest <- t.test(mens_mail, no_mail, var.equal = TRUE)
```

　t検定の結果を保存した rct_ttest を呼び出すと、以下のような実行結
果を得ることができます。

```
> rct_ttest


    Two Sample t-test


data:  mens_mail and no_mail
t = 5.3001, df = 42611, p-value = 1.163e-07
alternative hypothesis: true difference in means is not equal to 0
95 percent confidence interval:
0.4851384 1.0545160
sample estimates:
mean of x mean of y
1.4226165 0.6527894
```

　実行結果の一番下に示されている mean of x、mean of y が入力した2つのデータの平均を表しています。これは group_by() と summarise() によって集計した結果と同じことが確認できます。t.test() ではこの平均の差が本当は0であるという確率を評価し、その確率は p-value にて示されています。ここでは 1.163e-07 と非常に小さな値であることからこの差が統計的に有意なもの、つまり本当は0であるという可能性を否定する結果を示唆しています。RCT を行なっているデータであるためにこの差はメールの配信のみによって起こるものと考えられ、さらにその差が統計的に有意であるということも確認できました。

■ 1.4.3　バイアスのあるデータによる効果の検証

バイアスのあるデータの準備

　次にメール配信の担当者が購買傾向が一定以上あるユーザに重点的にメール配信をした状況を再現するデータセットを作成します。

　昨年度の購買金額のカラムがあるので、その金額が一定以下のデータに関してはランダムに5割のデータを削除します。さて、金額が一定以下のユーザに対してはメールを配信しないという状況を仮想的に作ったので、このデータの中での $E[Y_i|Z=1]$ は大きくなることが想定されます。セレクションバイアスのあるデータを作るためには以下のようなコードを実行します。この操作は、この例以外の分析においては利用しません。

（ch1_bias.R の抜粋）

```
# (7) セレクションバイアスのあるデータを作成
## 再現性確保のため乱数シードを固定
set.seed(1)

## 条件に反応するサンプルの量を半分にする
obs_rate_c <- 0.5
obs_rate_t <- 0.5

## バイアスのあるデータを作成
biased_data <- male_df %>%
```

```
mutate(obs_rate_c = if_else(
        (history > 300) | (recency < 6) | (channel == "Multichannel"),
          obs_rate_c, 1),
       obs_rate_t = if_else(
        (history > 300) | (recency < 6) | (channel == "Multichannel"),
          1, obs_rate_t),
       random_number = runif(n = NROW(male_df))) %>%
  filter( (treatment == 0 & random_number < obs_rate_c ) |
          (treatment == 1 & random_number < obs_rate_t) )
```

これによりセレクションバイアスが最後の購入からの経過月数、昨年の購入額、どのチャネルから購入したかによって発生しているデータを作ることができました。メールが配信されていないグループでは「昨年の購入額であるhistoryが300より高い場合」「最後の購入であるrecencyが6より小さい場合」「接触チャネル（"channel"）が複数あることを示す"Multichannel"である場合」の3つの条件のどれかに該当するデータをランダムに半分選んで削除しています。一方でメールが配信されているグループでは上記と同じ条件に該当しないデータをランダムに半分選んで削除しています。

この操作はあたかも昨年の購入量が高いことや最近購入したことがあるユーザ、つまりは潜在的に購入意欲が高いと考えられるユーザに対してメールが多く配信されたデータを作り出します。

バイアスのあるデータの集計と有意差の検定

このデータに対してRCTデータでの例と同様の分析を実行します。

（ch1_bias.Rの抜粋）

```
# (8) セレクションバイアスのあるデータで平均を比較
## group_byとsummairseを使って集計(Biased)
summary_by_segment_biased <- biased_data %>%
  group_by(treatment) %>%
  summarise(conversion_rate = mean(conversion),
            spend_mean = mean(spend),
            count = n())
```

```
# (9) Rの関数であるt.testを使ってt検定を行う(Biased)
## (a)男性向けメールが配信されたグループの購買データを得る
mens_mail_biased <- biased_data %>%
  filter(treatment == 1) %>%
  pull(spend)

## (b)メールが配信されなかったグループの購買データを得る
no_mail_biased <- biased_data %>%
  filter(treatment == 0) %>%
  pull(spend)

## (a)(b)の平均の差に対して有意差検定を実行
rct_ttest_biased <- t.test(mens_mail_biased, no_mail_biased, var.equal = T)
```

　得られた結果を保存した変数を呼び出すと、以下のような結果を確認できます。

```
> summary_by_segment_biased
# A tibble: 2 x 4
  treatment conversion_rate spend_mean count
      <dbl>           <dbl>      <dbl> <int>
1         0         0.00498      0.548 14665
2         1         0.0134       1.53  17198
```

　集計の結果は、売上が発生する確率であるconversion_rateの差が0.00842となっており、RCTデータでの0.00677という結果と比べて差が大きいことが分かります。また、平均購買額であるspend_meanにおいても差が0.982となっており、RCTにおける0.767とは異なる結果になっています。これは潜在的に購買意欲が高いユーザに対して優先的にメールが配信されている状況を意図的に発生させ、セレクションバイアスを作り出していることからも直観的な結果となっています。

```
> rct_ttest_biased

    Two Sample t-test
```

```
data:  mens_mail_biased and no_mail_biased
t = 5.6708, df = 31861, p-value = 1.433e-08
alternative hypothesis: true difference in means is not equal to 0
95 percent confidence interval:
0.6409145 1.3179784
sample estimates:
mean of x mean of y
1.5277526 0.5483062
```

　有意差検定の結果ではp-valueはさらに小さくなっています。つまり、バイアスのあるデータで分析したことにより、平均の差はより広がり、有意差検定の結果もより不確実性が低いことを示していますが、事前に説明した通りこれは分析の質が何か改善したわけではありません。このことからも、統計的に有意な差があればどんな結果も正しい効果が推定できていると考えることはできないことが分かります。

1.5 ビジネスにおける因果推論の必要性

■ 1.5.1 RCTの実行にはコストがかかる

　前節でRCTが行われているデータにおいては、単純な集計と検定を使って効果の検証ができることを説明しました。しかし、RCTは効果を検証するために介入がランダムに割り当てられるという状況を作る必要があります。これは分析の都合を最優先した介入の割り当てを行うことになるため、介入がビジネスにもたらす影響に関しては度外視しており、ビジネスの観点においては多くのコストが発生します。

　例えばメールの配信にはそれを担当する人が存在し、メール経由での購買数などを最大化させるようにユーザを選んだ結果として、見込みのあるユーザにメールの配信が集中するといったことはよくあります。これに対してRCTを実施する場合には、このようなユーザの選択を諦め、ランダ

ムに選んだユーザにメールを配信することになります。これにより短期的には売上が下がってしまう可能性があり、ビジネス的に望ましくない状況になります。つまり、RCTによってランダムにアクションを選択するということは分析の上で非常に都合の良い状況を作り出す一方で、ビジネスを実施する側にとっては大きなコストになってしまう可能性があることを意味します。

このような「RCTのコストが高い」という問題は、計量経済学や因果推論において分析対象となるような現象にも多く存在しています。例えば何かしらの法律を介入としてその効果を検証したいと考えたとき、法律を人によってランダムに割り振ることは非常にコストが高くつくだけでなく、個人の権利を守る観点においても事実上不可能とも考えられます。また、商品の値段設定が売上と利益に与える影響などに興味を持ち効果を推定する場合、ユーザによって提示する価格が違う状態は大きな炎上リスクがあることから、この場合にもRCTはやはり実施が難しいということになります。

計量経済学や因果推論は、このような**理想的にはRCTでデータをデザインして分析したいがそれが不可能**という状態において、RCTの結果を近似するような方法論を提供してくれます。しかしながら、計量経済学や因果推論の方法は、データを入力すると自動的に分析の結果を出してくれるわけではありません。分析者が対象となる事象の理解、特にセレクションバイアスの理解から分析を設計する必要があります。

■ 1.5.2　セレクションバイアスが起きる理由

セレクションバイアスは多くの場合、介入（Z_i）の選択をコントロールできる存在の損得（インセンティブ）に左右されます。メールの例であれば、誰にメールを配信するかという選択を担う人物やシステムが存在することになります。この役割を持った人物やシステムはこの選択をもとに利得、つまり売上や利益をより大きくするような目標を設定されていることが多く、介入の割り振りに関してもそれを達成する確率がなるべく高くなるように行われます。この結果、介入が行われたサンプルとそうでないサンプルは傾向が違うものとなり、去年の購買量が多いユーザや、最近購買

したユーザを中心にメールが配信されるといった状況が発生します。

　つまり、セレクションバイアスは意味不明な謎の事象によって起きるわけではなく、介入を選択できる人やシステムが利得を高めようと選択した結果として現れるため、これらの行動についてよく理解できれば、誰のどのような意思決定がセレクションバイアスを生むかをある程度は想定ができるということになります。

　本書で扱う分析手法は、その知識を導入することでセレクションバイアスによる影響を減少させます。しかし、分析者が認知していないようなセレクションバイアスに関しては減少することはありません。つまり、分析者が事象について洞察力を働かせ、その仮説をもとに分析を進めることが非常に重要です。

■ 1.5.3　ビジネスにおけるバイアスのループ

　ビジネスにおいてPDCA（Plan、Do、Check、Action）と呼ばれるようなサイクルを回すことが一般的になってきており、多くの場合ではそのようなサイクルのCheckの部分に関して効果検証が必要です。ここではバイアスのある効果検証でこのサイクルを回すことを想定した場合に、どのような結末になるのかを説明します（図1.8）。

　メールマーケティングのように定期的に施策を実行することが決まっていて、その施策の実行方法を変えるような状態を考えます。このような場合であれば、1回目では20～50代のみにメールを配信して、それぞれの年代での効果を検証します。そして検証の結果を受けた2回目では、効果が良さそうな20～30代のみにメールが配信され、また効果の検証が実行されます。施策が定期的に実行される場合、このように施策の実行と検証結果を考慮した施策の改善が交互に行われることになります。

　このとき効果の検証が、セレクションバイアスの影響を受けるような方法で行われた場合を考えます。効果の検証結果は、本来のメールの効果に加えて何かしらのセレクションバイアスが含まれたものになります。例えば先ほどの例では、年代によるセレクションバイアスが含まれます。仮に扱う商品が若者向けのものが多い場合には、20～30代で効果が良いと見

えてしまうのは、単に若いほど商品をもともと買う傾向が高いという可能性があります。

　この場合、20〜30代のみにメールを配信しても、本当の効果の観点では望むような効果は得られないことになります。しかし、次の効果検証においても同様のバイアスの影響を受けた方法を利用すれば、やはり20〜30代にメールを配信する効果が高いという検証結果を得ることになります。これらの施策を実施するコストが0ということはほぼないため、このループが回るたびに施策のコストがかさんでしまいます。稀にこのような認識から施策に関する費用対効果を算出しているような場合もあります。しかし、もとの効果が過剰な評価となっている状態では、やはり施策に過剰なコストを投入することが合理的に見えてしまうため、これを防止するような役割は果たせません。

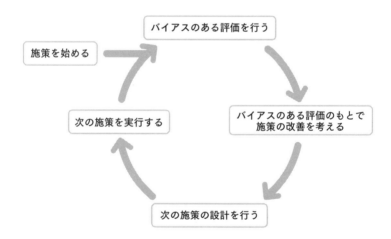

■ 図1.8／バイアスのループ

　さらに、このような検証方法は施策の改善の方向性を歪める影響をもたらします。見せかけの効果を改善したい場合、メール配信本来の効果を改善する以外に、セレクションバイアスをより大きくする方法があります。多くの場合、セレクションバイアスの影響が本来の効果よりも大きいため、このような状況における施策の改善では、セレクションバイアスを生

み出す方向に向かうことがあります。この結果、得られた改善の知見はセレクションバイアスの作り方にすぎないことが多く、見せかけの改善に留まるような状態になってしまいます。

つまり、このような改善のループにおいて、バイアスの影響がある効果検証を行うことは、

- 本当にKPIを改善しているか分からないものにコストを支払い続ける
- 蓄積される知見の多くがセレクションバイアスの作り方になってしまう

といった問題を生み出すことになります。

このような点からバイアスのループに入らないことが重要です[8]。そのためにはできればRCTによって施策を評価することが望ましいということになります。それが叶わない場合には因果推論のような、RCTが行われていない状況でもバイアスの影響が少ない分析結果を得られる方法で検証することが重要です。2章以降ではこれらの方法について説明していきます。

参考文献

- Imbens, Guido W., and Donald B. Rubin. Causal inference in statistics, social, and biomedical sciences. Cambridge University Press, 2015.
- Kevin Hillstrom, MineThatData E-Mail Analytics And Data Mining Challenge, 2008.
- 講義「機械学習vs経済学：実験・バンディット・強化学習」
  @日本経済学会（2019/6/8）

---

[8]　多くのビジネスの現場では、KPIの計測方法を途中から変更するのはかなり難しいでしょう。

- Duflo, Esther, Rachel Glennerster, and Michael Kremer. "Using randomization in development economics research: A toolkit." Handbook of development economics 4 (2007): 3895-3962.
- 「政策評価のための因果関係の見つけ方」エステル・デュフロ, レイチェル・グレナスター, マイケル・クレーマー 著；小林庸平, 石川貴之, 井上領介, 名取淳 訳；日本評論社；2019
- Imbens, Guido W., and Jeffrey M. Wooldridge. "Recent developments in the econometrics of program evaluation." Journal of economic literature 47.1 (2009): 5-86.

2章

介入効果を測るための回帰分析

1章ではRCTを行なっていないデータを使用してセレクションバイアスを無視するような分析におけるリスクについて説明しました。2章では同様の状況においても、回帰分析を利用することで、よりセレクションバイアスの影響が少ない分析ができることを説明します。回帰分析は最も基本的なセレクションバイアスの削減方法であり、本章以降で紹介する方法の多くは、回帰分析の工夫された使い方に対して名前が付いているとも言えます。

因果推論における回帰分析は、指定した変数の傾向が似ているサンプル同士を比較します。よって、セレクションバイアスを発生させていると考えられる変数を指定することで、それらの傾向が似通った状態、つまりはセレクションバイアスが軽減された状態で効果を検証できます。本章ではこの回帰分析の基本的な使い方を解説し、それを利用して探索的に効果を分析する例を紹介します。

2.1 回帰分析の導入

　セレクションバイアスが存在するときに、その影響を取り除くことができる最も基本的な方法が回帰分析です。本節では、回帰分析の基本についてふれたあと、効果検証における回帰分析の使い方についてRを用いて解説します。

■ 2.1.1 単回帰分析

　回帰分析のイメージをつかむために、まずは**単回帰分析**について解説します。ここでは目的変数 Y と入力となる変数 X を利用します。単回帰分析はこの X と Y の関係性を分析し、 X が1単位増減したときに、 Y がどの程度変動するかを出力します。

　図2.1は単回帰分析のイメージを大まかに説明したものです。グラフ上にある点はそれぞれデータを示しており、ある X が与えられたときに観測された Y の値を示しています。回帰分析とはこれらの点に対して近似的な線を引く操作と言えます。このとき近似線は $X = 0$ のときの Y の値を示す切片（ β_0 ）と、線の傾き（ β_1 ）によって形成されます。

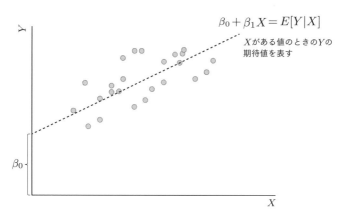

■ **図2.1**／単回帰分析のイメージ

これを式で表すと以下のようになります。以下では β_0 は切片であり、X_i が0のときの Y_i の値を示しています。また、点と回帰分析によって得られる線との差である誤差は u_i として示されています。

$$Y_i = \beta_0 + \beta_1 X_i + u_i$$

β_1 は線の傾きであり、X_i が1増加した場合の Y の期待値の増加分を示しています。β_0、β_1 は何らかの値を持つパラメータであり、回帰分析の結果として得られる値です。手持ちのデータを利用して得られた値は $\hat{\beta}_0$、$\hat{\beta}_1$ と呼びます。誤差が最も小さくなるように線を引く操作というのは、この式での u_i を2乗した値の合計が最も小さくなるように $\hat{\beta}_0$，$\hat{\beta}_1$ を得ることです。

$$\hat{\beta}_0, \hat{\beta}_1 = \underset{\beta_0, \beta_1}{\arg\min} \sum_{i=1}^{N}(Y_i - \beta_0 - \beta_1 X_i)^2$$

このように回帰分析における誤差の2乗を最小にするように回帰分析のパラメータをデータから推定する操作のことを**最小2乗法**（**Ordinary Least Square**；**OLS**）と呼びます。回帰分析で得られたパラメータの推定結果を式に代入することで、X の値が決まった場合に目的変数 Y がどのような値をとるかを算出できます。

回帰分析は、得られたデータ上で単純に誤差の小さい線を引くだけの方法ではありません。実際のところ、手元のデータ上で回帰分析を行うことで得たパラメータの値（$\hat{\beta}$）は、母集団上での回帰分析で得られるパラメータ β に対する推定値となっています。パラメータの推定値は母集団のパラメータと同様の特性を持っています。そのため、母集団上での回帰分析で得られるパラメータの特性を知ることによって、母集団の一部として得られたデータにおいて行われる回帰分析の特性を知ることができます。

実際に母集団上の回帰分析の特性を見ていきます。母集団において、Y と Y の条件付き期待値と回帰式の関係性は以下のように表すことができます。

$$Y = E[Y|X] + u = \beta_0 + \beta_1 X + u$$

これは目的変数 Y_i が条件付き期待値 $E[Y|X] + u_i$ に分解できるという特性と、条件付き期待値 $E[Y|X]$ が Y_i に対する誤差がもっとも小さくなるような関数であるという特性に由来します。本書ではこれらの特性についての導出や理論を解説しません。大まかな概要を知りたい方は Angrist (2014) 2 章の Appendix を参照し、より詳細を知りたい方は Angrist (2008) の 3 章を参照してください。

手に入ったデータで回帰分析を行うことは、このような関係性を満たしているパラメータ β_0, β_1 の値を手元のデータから推定して、$\hat{\beta}_0, \hat{\beta}_1$ として得るということになります。これにより、回帰分析では単に Y に対する近似値を得ているだけでなく、Y の条件付き期待値 $E[Y|X]$ に対する推定値を得ているということになります。

■ 2.1.2 効果分析のための回帰分析

「1.3.4 平均的な効果」で見た通り、介入の効果は施策を行った場合の結果と行わなかった場合の結果の期待値の差分 $\tau = E[Y^{(1)}] - E[Y^{(0)}]$ で表されます。効果分析のための回帰分析では、データに存在するセレクションバイアスの影響をなるべく減らして、この差分の推定が行われます。

効果分析のための回帰分析では以下の 3 種類の変数が登場します。

- 被説明変数（ Y ：dependent variable）
- 介入変数（ Z ：treatment variable）
- 共変量（ X ：control variable）

被説明変数 Y は介入による効果を確認したい変数であり、メールの例では購買量ということになります。介入変数 Z は施策の有無を表す変数で、メールの例においては配信するか否かを表しています。共変量 X はセレクションバイアスを発生させていると分析者が想定する変数であり、介入・施策の有無で傾向が異なっていると想定される変数です。「1.4 R に

よるメールマーケティングの効果の検証」の表1.3の変数でいえば、昨年の購買量を示すhistoryや最後の購買が何日前かを示すrecencyといったメールを送るユーザを選定するときに考慮している変数がこれに該当します。共変量は1つに限らず複数の変数であることがほとんどです。

統計学における回帰分析では、共変量と介入変数のような、被説明変数を説明するための変数は説明変数と呼ばれています。また、機械学習においては特徴量と呼ばれることがあります。

効果を検証する際の回帰分析においては、X は $X_1, X_2, ...X_k$ と複数あることが一般的です。また介入変数 Z をモデルに含める必要があります。このように複数種類の変数をモデルに含む回帰分析を**重回帰分析**と呼びます。ここでは X のほかに Z をモデルに含めることを想定して説明を進めます。

$$E[Y|X, Z] = \beta_0 + \beta_1 X + \beta_2 Z$$

重回帰分析においても、単回帰分析と同様に以下のような Y_i と条件付き期待値と回帰分析の関係性が成り立ちます。

$$Y = E[Y|X, Z] + u = \beta_0 + \beta_1 X + \beta_2 Z + u$$

このとき、誤差 u の条件付き期待値は $E[u|X, Z] = 0$ であり、 u と X および Z は相関しないという性質を持っています。また誤差 u は以下のように表すことができます。

$$u_i = Y_i - (\beta_0 + \beta_1 X_i + \beta_2 Z_i)$$

パラメータの推定に関しても、やはり単回帰分析と同様に2乗された誤差の最小化問題を解くことで得ることができます。

$$\min_{\beta_0, \beta_1, \beta_2} \sum_{i=1}^{N} (Y_i - (\beta_0 + \beta_1 X_i + \beta_2 Z_i))^2$$

これらのことから、推定されたパラメータを代入することで、条件付き期待値を算出できると同時に Y_i に対する近似値を得ていることになります。

これらの推定結果はデータのサンプルサイズが大きくなることで母集団

における結果と徐々に近くなり、無限人の極限で一致することが知られています。この特性については Angirst and Pischke (2008)[1][2]を参照すると良いでしょう。話を戻すと、回帰分析とは母集団上での回帰式を仮定に基づいて作成し、回帰式の中のパラメータを手元にあるデータで推定するプロセスとなっています。

$$E[Y|X,Z] = \beta_0 + \beta_1 X + \beta_2 X^2 + \beta_3 Z$$

重回帰分析では X の2乗などの変数をモデルに導入でき、共変量 X に関してはかなり広い範囲の関数の形を扱うことができます。しかし実際にどのような関数の形として扱うべきかという点に関しては、分析者が事前知識から決定する必要があります。例えば、ある教育方法の年収に対する効果を推定する場合、X として年齢が含まれるような場合があります。目的変数である年収は、経験や年齢そのものによって影響を受ける場合があるからです。しかし、これらの要因は年収と線形の相関があるわけではありません。仮に年齢が上がるにつれ、1年ぶんの経験が収入に対して持つ影響が少なくなるとすると、その関係は二次関数で表されます。この場合、本来の X に加えて X^2 といった変数を加える必要があります。

一方で介入変数 Z は施策がある場合とない場合で常に0か1の値しかとらないために、このような考慮をする必要がなく、常に線形のまま扱えば良いという利点があります。このように回帰分析は導入する変数を選択することで、さまざまな条件付き期待値を近似できる手法になっています。

■ 2.1.3　回帰分析による効果の推定

繰り返しになりますが、介入効果の分析における興味は介入した場合とされなかった場合の期待値の差 $E[Y|X,Z=1] - E[Y|X,Z=0]$ にあります。回帰分析によって条件付きの期待値を近似した場合、介入の有無ごとの条件付き期待値は以下のようになります。

---

[1]　3.1.3 Asymptotic OLS Inference
[2]　『「ほとんど無害」な計量経済学―応用経済学のための実証分析ガイド』NTT 出版（2013）

$$E[Y|X, Z=1] = \beta_0 + \beta_1 X + \beta_2 X^2 + \beta_3 1$$
$$E[Y|X, Z=0] = \beta_0 + \beta_1 X + \beta_2 X^2 + \beta_3 0$$

介入の効果はこれらの期待値の差分であることから、回帰分析による効果の推定ではこれらの差分に興味があることになります。

$$E[Y|X, Z=1] - E[Y|X, Z=0]$$
$$= (\beta_0 + \beta_1 X + \beta_2 X^2 + \underbrace{\beta_3 1}_{\beta_3 Z}) - (\beta_0 + \beta_1 X + \beta_2 X^2 + \underbrace{\beta_3 0}_{\beta_3 Z})$$
$$= \beta_3$$

差分を算出した結果 β_3 が残ります。つまり、回帰分析において介入の効果を表す部分は β_3 のみにあることが分かります。

仮に手元のデータにおいて回帰分析を行なった結果、 $\hat{\beta}_0 = 0.5$ 、 $\hat{\beta}_1 = 0.2$ 、 $\hat{\beta}_2 = -0.02$ 、 $\hat{\beta}_3 = 0.4$ という値が結果として得られたとします。 β_3 に対する推定値である $\hat{\beta}_3$ が0.4だったということは、介入グループでは Y の平均が非介入グループに対して0.4高いであろうということを意味しています。

このように回帰モデルを効果の式に代入することで、回帰分析において本当に興味のあるパラメータが介入変数に関する β_3 だけであることが分かりました。

■ 2.1.4 回帰分析における有意差検定

$\hat{\beta}_3$ は手に入れたデータにおける推定値です。1章と同様に母集団上の β_3 が0であるという可能性を検証するために有意差検定を行う必要があります。

Rで回帰分析を行うと、推定されたパラメータの標準誤差とともに、有意差検定（t検定）の結果を自動で出力してくれます。回帰分析の結果を保存したオブジェクトをsummary()で要約すると、標準誤差はStandard.errorとしてレポートされており、有意差検定の結果はt-statistics、p-valueとしてそれぞれの変数に対して表示されています。よって、介入効果を示すパラメータの検定結果を見れば、介入の効果が本当は0であるという可能性を評

価できます。有意差検定の解釈に関しては1章における説明と同じです。

■ 2.1.5 Rによるメールマーケティングデータの分析（回帰編）

　実際にRを用いてメールマーケティングのデータで回帰分析を実行してみましょう。ここではバイアスのあるデータに対して回帰分析を行い、その結果の解釈を試みます。回帰分析はlm()を利用することで実行できます。

　lm()はデータ（data）と回帰式（formula）を入力すると回帰分析の結果を返してくれます。ここではバイアスのあるbiased_dataを入力し、回帰式としてspend ~ treatment + historyという式を入力します。これは目的変数にユーザの購入額（spend）をとり、介入変数（treatment）にメールの有無、そして共変量として過去の購入額（history）を使ったモデルです。回帰式は以下のようになっています。

$$Spend_i = \beta_0 + \beta_{treatment}treatment_i + \beta_{history}history_i$$

　回帰分析の結果を保存したbiased_regをsummary()に入力すると、回帰分析の結果をレポートしてくれます。

（ch2_regression.Rの抜粋）

```
# (6) バイアスのあるデータでの回帰分析
## 回帰分析の実行
biased_reg <- lm(data = biased_data,
                 formula = spend ~ treatment + history)
## 分析結果のレポート
summary(biased_reg)
```

```
> summary(biased_reg)

Call:
lm(formula = spend ~ treatment + history, data = biased_data)

Residuals:
   Min    1Q Median    3Q    Max
 -4.74  -1.46  -1.26  -0.48 497.74
```

```
Coefficients:
            Estimate Std. Error t value Pr(>|t|)
(Intercept) 0.3241996  0.1444390   2.245  0.02480 *
treatment   0.9026109  0.1743057   5.178 2.25e-07 ***
history     0.0010927  0.0003366   3.246  0.00117 **
---
Signif. codes:
0 '***' 0.001 '**' 0.01 '*' 0.05 '.' 0.1 ' ' 1

Residual standard error: 15.36 on 31860 degrees of freedom
Multiple R-squared:  0.001339,   Adjusted R-squared:  0.001276
F-statistic: 21.35 on 2 and 31860 DF,  p-value: 5.406e-10
```

　本書では主にCoefficientsの部分に着目して分析結果を解釈します。Coefficientsには推定されたパラメータの値とその標準偏差やt検定の結果が表示されています。Estimateのカラムには推定されたパラメータの値が入っており、 $\beta_0 = 0.3241996$ 、 $\beta_{treatment} = 0.9026109$ 、 $\beta_{history} = 0.0010927$ となっていることが分かります。また、Pr(>|t|)のカラムではt検定におけるp値（p-value）がレポートされています。

　「2.1.3 回帰分析による効果の推定」で見た通り、介入の効果を推定するための回帰分析では介入変数に関するパラメータに興味があります（2.1.3における β_3 ）。よって、ここでは介入変数であるtreatmentの推定結果に着目します。

　treatmentの推定結果は0.9026109であり、その検定におけるp値も2.25e-07と非常に小さい値なので、帰無仮説（この場合「メール送信の効果はない」）を棄却できます。したがって、この値はメールを送信することで売上が平均0.9ほど増加するという解釈が可能です。

　本書で扱うような回帰分析のほとんどはCoefficients以外の情報を気にしないため、Rで出力する結果もそれに合わせてCoefficientsに限定するようにします。この操作にはbroomパッケージのtidy()を利用します[*3]。

[*3] broomパッケージはtidyverseパッケージに含まれているので新たにインストールする必要はありません。

　tidy()はlm()で出力されるモデルの結果を扱いやすいデータフレーム
の形へと変換してくれる関数です。lm()で推定した回帰分析の結果に対
してtidy()を実行すると、各パラメータについて変数名、推定値、標準
誤差、t値、p値といった値が入ったデータフレームを出力してくれます。

（ch2_regression.Rの抜粋）

```
## ライブラリの読み出し
library("broom")

## 推定されたパラメータを取り出す
biased_reg_coef <- tidy(biased_reg)
```

```
> biased_reg_coef
# A tibble: 3 x 5
  term        estimate std.error statistic  p.value
  <chr>          <dbl>     <dbl>     <dbl>    <dbl>
1 (Intercept)  0.324    0.144        2.24 0.0248
2 treatment    0.903    0.174        5.18 0.000000225
3 history      0.00109  0.000337     3.25 0.00117
```

■ 2.1.6　効果検証のための回帰分析で行わないこと

　Rが出力する回帰分析のレポートを見て分かる通り、$\beta_{treatment}$ 以外
のパラメータの推定値も得られます。一見これらは重要な情報をもたらし
ているように思えるため、これらの解釈をもとにさまざまな議論をしたく
なる欲求に駆られます。しかし、効果検証のための回帰分析では
$\beta_{treatment}$ 以外の推定結果には基本的に興味がなく、それらのパラメー
タの値が本当の効果を表すようになる努力も行わないため、介入効果を示
すパラメータ以外については無視することになります。有意差検定につい
ても同様に、興味のあるパラメータ以外の検定の結果は一切解釈を行いま
せん。分析の目的上、共変量のパラメータの値に関して興味がないため
に、そのパラメータの真の値が0でもそうでなくてもどちらでも良いとい
うことになります。

　また前述した通り、回帰分析によって得られたモデルは条件付き期待値を表すだけでなく、Y に対して誤差が最小になるような式でもあります。このことから、得られたモデルは効果検証以外に予測器として使うこともできます。回帰分析によって得られたパラメータを用いれば、以下のような予測式が得られます。

$$E[Spend|history, treatment]$$
$$= \widehat{Spend}$$
$$= \hat{\beta}_0 + \hat{\beta}treatment + \hat{\beta}history$$
$$= 0.3 + 0.96treatment + 0.001history$$

　この式にtreatmentとhistoryの値を代入すれば、spendに対する予測値である $\widehat{spend_i}$ を手に入れることができるため、回帰分析はまだ見ぬサンプルに対する予測に用いられることがあります。しかし、本書における分析はspendの予測自体は目的ではないために、このプロセスについては詳細を解説しません。このような予測を目的とした分析を行う場合では、予測能力を担保するための知見が集約されている機械学習を利用することをお勧めします。

2.2　回帰分析におけるバイアス

　回帰分析でセレクションバイアスが小さくなるような推定を行うためには、共変量を正しく選択する必要があります。ここでは共変量を追加することで効果の推定値に起きる変化を説明するとともに、共変量の選び方について説明します。

■ 2.2.1　共変量の追加による効果への作用

　正しい共変量を選択してバイアスの小さい推定結果を得るためには、共変量とセレクションバイアスの関係性について理解する必要があります。

　ここではRを利用して共変量を増やすことで起きる結果を見てみましょ
う。引き続きメールマーケティングの例を用いて説明します。メールマー
ケティングでは、宣伝メールを送るという施策の売上に対する効果を知る
ことが目的であるため、メールの配信 Z が購買量 Y に対して与える影響
を分析してきました。

　まず最初にRCTを行ったデータにおいてメールの効果を検証し、どのよ
うな効果の値が推定されることが望ましいのかを確認します。次に1章と同
じプロセスで、バイアスを導入したデータにおいて同様の分析を行います。

(ch2_regression.Rの抜粋)

```
# (7) RCTデータでの回帰分析とバイアスのあるデータでの回帰分析の比較
## RCTデータでの単回帰
rct_reg <- lm(data = male_df, formula = spend ~ treatment)
rct_reg_coef <- summary(rct_reg) %>% tidy()

## バイアスのあるデータでの単回帰
nonrct_reg <- lm(data = biased_data, formula = spend ~ treatment)
nonrct_reg_coef <- summary(nonrct_reg) %>% tidy()
```

　RCTを行なっているデータでは $\beta_{treatment}$ の値は0.770となり、1章でみ
たRCTデータの分析結果と同様の結果が得られていることが分かります。

```
> rct_reg_coef
# A tibble: 2 x 5
  term        estimate std.error statistic  p.value
  <chr>          <dbl>     <dbl>     <dbl>    <dbl>
1 (Intercept)    0.653     0.103      6.36 2.09e-10
2 treatment      0.770     0.145      5.30 1.16e- 7
```

　一方でバイアスを加えたデータでは、 $\beta_{treatment}$ の値は0.979となっ
ています。これは1章でも見た通り、セレクションバイアスによって効果
が過剰に推定されていると考えられます。つまり、介入変数のみを回帰分
析に投入してもセレクションバイアスの問題は何ら解決していないことが
分かります。

```
> nonrct_reg_coef
# A tibble: 2 x 5
  term         estimate std.error statistic      p.value
  <chr>           <dbl>     <dbl>     <dbl>        <dbl>
1 (Intercept)     0.548     0.127      4.32 0.0000156
2 treatment       0.979     0.173      5.67 0.0000000143
```

次に共変量Xをモデルに加えて分析します。

「1.4.3 バイアスのあるデータによる効果の検証」で見た通り、ここでは
セレクションバイアスは人為的に発生させられています。このときのセレ
クションバイアスは $recency_i$ 、 $channel_i$ 、 $history_i$ によって引き起こ
されているため、これらを共変量として追加します。

$$Spend_i = \beta_0 + \beta_{treatment}treatment_i + \beta_{recency}recency_i$$
$$+ \beta_{channel}channel_i + \beta_{history}history_i + u_i$$

（ch2_regression.Rの抜粋）

```
## バイアスのあるデータでの重回帰
nonrct_mreg <- lm(data = biased_data,
                  formula = spend ~ treatment + recency + channel + history)
nonrct_mreg_coef <- tidy(nonrct_mreg)
```

```
> nonrct_mreg_coef
# A tibble: 6 x 5
  term          estimate std.error statistic    p.value
  <chr>            <dbl>     <dbl>     <dbl>      <dbl>
1 (Intercept)      0.502     0.379      1.32   0.185
2 treatment        0.847     0.178      4.74   0.00000211
3 recency         -0.0403    0.0259    -1.55   0.121
4 channelPhone    -0.00178   0.304     -0.00585 0.995
5 channelWeb       0.226     0.303      0.745   0.456
6 history          0.00103   0.000375   2.74   0.00608
```

この結果、推定された $\beta_{treatment}$ の値は0.847となり、RCTデータにお
ける結果に近づきました。つまり、セレクションバイアスが発生している

データにおいて、共変量を加えて回帰分析を行うことで、セレクションバイアスの影響がより少ない分析結果を得ることができます。

■ 2.2.2　脱落変数バイアス (OVB)

完全ではないものの、共変量を追加することで推定される効果がRCTの結果に近くなることを実際にRで確認しました。ここでは、共変量を追加することで、推定される効果が変化するしくみについて確認します。このしくみの解釈は「セレクションバイアスの影響をより小さくするためにどのような共変量をモデルに追加するべきか？」という疑問に対して、「目的変数 Y と介入変数 Z に対して相関のある変数を加えるべき」という解決策を与えてくれます。

まずは2つの回帰分析モデルAとBを考えます。

$$Y_i = \alpha_0 + \alpha_1 Z_i + u_i \qquad (モデル\ A)$$
$$Y_i = \beta_0 + \beta_1 Z_i + \beta_2 X_{omit,i} + e_i \quad (モデル\ B)$$

この2つのモデルの差は共変量 $X_{omit,i}$ が追加されているか否かにあり、モデルBはセレクションバイアスの影響が取り除かれた結果を得られるとします。介入変数の効果は介入変数 Z_i にかかるパラメータであるため、それぞれのモデルにて α_1、β_1 で表されます。ここでの興味は、介入変数の効果がこの2つのモデル間でどのような差があり、それがどのようなしくみで決定されているのかにあります。

モデルAはモデルBと比較すると $X_{omit,i}$ が省略されています。ですので、モデルAにおける誤差項 u_i の中には、$\beta_2 X_{omit,i}$ とモデルBにおける誤差項 e_i が含まれていることになります。

$$u_i = \beta_2 X_{omit,i} + e_i$$

モデルBはセレクションバイアスの影響がより小さい分析結果を得られるため、$X_{omit,i}$ は効果の分析において必要な共変量だということになります。この $X_{omit,i}$ のような本来必要だがモデルから抜け落ちている変数を**脱落変数**と呼びます。

このとき $X_{omit,i}$ を無視したモデル A において介入効果を示すパラメータ α_1 は、

$$\alpha_1 = \beta_1 + \gamma_1\beta_2$$

となることが知られています[*4]。

β_1 はモデル B にて推定される効果を示しており、セレクションバイアスがうまく取り除かれた結果です。このことから α_1 は、モデル B にて推定される効果 β_1 に、何かしらの値をとる $\gamma_1\beta_2$ を加えたものであることが分かります。

この $\gamma_1\beta_2$ は**脱落変数バイアス** (Omitted Variable Bias；OVB) と呼ばれています。モデル A を使って効果の分析を行った場合、得られる効果の推定結果は本来の効果に OVB を加えたものになってしまいます。しかし、$X_{omit,i}$ を加えたモデル B の場合、効果の推定結果からは OVB が取り除かれ正しい効果が推定されることになります。

このモデル A と B の比較は、必要な共変量がモデルに含まれない場合には推定される効果には OVB が含まれることを示すとともに、一方ではそのような変数をモデルに加えることで OVB の影響を取り除くことが可能であるという回帰分析の基本的なしくみを説明してくれます。

次に OVB の値である $\gamma_1\beta_2$ がどのように決定されるかを見ていきましょう。

β_2 はモデル B において推定される $X_{omit,i}$ と Y_i の相関に当たるものです。γ_1 は以下の式のように、$X_{omit,i}$ に対して Z_i を回帰させたときに得られる回帰係数であり、Z_i と $X_{omit,i}$ の相関と考えることができます。

$$X_{omit,i} = \gamma_1 Z_i + \epsilon_i$$

つまり、この β_1 のほかに余分にあるバイアス $\gamma_1\beta_2$ は、X_{omit} と Y の相関に、Z と X_{omit} の相関を掛けたものということになります。直観的には、省略された共変量 X_{omit} が Y に対して与えるような影響が、

[*4] OVB についての平易な解説は、Angrist and Pischke（2014）の Chapter 2: appendix にあります。より詳細な解説は、Angrist and Pischke（2014）3.2.2 The Omitted Variable Bias Formula を参照してください。

X_{omit} と Z との相関を通して Z の効果として表れているように見えているということになります。

「2.1.6 効果検証の回帰分析では行わないこと」で、効果分析のための回帰分析では、興味のあるパラメータ以外の有意差検定の結果には特に意味がないと記述しました。OVBを考えると、興味のあるパラメータ以外の有意差検定の結果を考慮して、共変量を選択するようなことはむしろ害悪がある可能性があります。

OVBの値を示す式の中には、値を構成するパラメータが統計的に有意であるか否かは、特に含まれていません。よって、統計的に有意でない共変量をモデルから除外する場合でも、OVBを発生させる可能性があることになってしまいます。例えば $X_{omit,i}$ が統計的に有意でないという結果をモデルBを利用した回帰分析で得た場合、有意でないからという理由でそれを取り除いてしまえば、OVBを含む推定結果を得ることになってしまいます。このことからも、介入変数以外に関する有意差検定の結果を気にする必要性がないことが分かります。

■ 2.2.3　RによるOVBの確認

実際にOVBがどのような値になるのかをRの結果を使って確認してみましょう。ここでは以下の2つの回帰式におけるOVBの値を確認します。

$$Spend_i = \alpha_0 + \alpha_1 treatment_i + \alpha_2 recency_i + \alpha_3 channel_i + e_i$$
$$(モデル\ A)$$

$$Spend_i = \beta_0 + \beta_1 treatment_i + \beta_2 recency_i + \beta_3 channel_i + \beta_4 history_i + u_i$$
$$(モデル\ B)$$

AとBの差はhistoryという共変量がモデルに含まれているか否かにあります。historyは過去の購入額を表す変数なので、売上に対して強い相関を持ちます。また、biased_dataを「1.4.3 バイアスのあるデータによる効果の検証」で作成する際にhistoryが300以上の場合には介入が起こりやすくなるようにデータを加工しています。このことから、historyをモデルから

外すことで、脱落変数バイアスが発生するようになっていることが分かります。

「2.2.2 脱落変数バイアス（OVB）」のOVBの式に従うと値は以下のようになるはずです。

$$\alpha_1 - \beta_1 = \gamma_1 \beta_1$$

γ_1 は以下の回帰式によって推定された値です。

$$history_i = \gamma_0 + \gamma_1 treatment_i + \gamma_2 recency_i + \gamma_3 channel_i + \epsilon_i$$
$$（モデル\,C）$$

この回帰式はモデルAで脱落している変数 $history_i$ に対して、モデルAに含まれている変数を使って回帰分析を行ったものです。

ここでは3つの回帰分析を行うことになるので、broom パッケージを使って複数のモデルを同時に分析する方法を利用します。まず最初に、分析したい回帰モデルを要素にしたモデル式のベクトルをformula_vecとして用意します。あとでどのモデルを分析した結果なのかを分かるようにするため、formula_vecのnamesに名前を付けておきます。このモデルのベクトルは先ほどの回帰式A、B、Cを順番に表したものになっているため、ここでの名前は"reg_A"、"reg_B"、"reg_C"としています。

（ch2_regression.Rの抜粋）

```
# (9) OVBの確認(broomを利用した場合)
## broomの読み出し
library(broom)

## モデル式のベクトルを用意
formula_vec <- c(spend ~ treatment + recency + channel, # モデルA
                 spend ~ treatment + recency + channel + history, # モデルB
                 history ~ treatment + channel + recency) # モデルC

## formulaに名前を付ける
names(formula_vec) <- paste("reg", LETTERS[1:3], sep ="_")
```

次にモデルのベクトルをenframe()に%>%で渡します。enframe()は渡さ

れたデータをデータフレーム形式に変換する関数で、渡されたデータの名前と値をそれぞれname、valueというカラムに保存します。このときname、valueに文字列を指定しておくと、カラム名がそれらの値に変更されます。よって、ここでは回帰式がformulaというカラムに保存され、"reg_A"、"reg_B"、"reg_C"という回帰式の名前がmodel_indexに保存されます。

(ch2_regression.Rの抜粋)

```
## モデル式のデータフレーム化
models <- formula_vec %>%
  enframe(name = "model_index", value = "formula")
```

次にmap()を利用して、各回帰式の分析を行います。map()は.xで受け取ったデータのひとつひとつの要素に.fで入力した関数を実行します。よって.x = formulaと.f = lmを指定した場合、formulaに保存された3つの回帰式に別々にlm()を実行することになります。このときlm()ではdata = biased_dataを指定しているので、3つの回帰分析で同じデータが利用されます。回帰分析の結果はmodelというカラムに保存されます。そして、またmapで.x = modelと.f = tidyを指定し、modelに保存されている3つの回帰分析のパラメータの推定結果をそれぞれtidy()によってデータフレームに変換し、lm_resultというカラムに保存し直しています。

(ch2_regression.Rの抜粋)

```
## まとめて回帰分析を実行
df_models <- models %>%
  mutate(model = map(.x = formula, .f = lm, data = biased_data)) %>%
  mutate(lm_result = map(.x = model, .f = tidy))
```

最後にどのモデルの結果なのかを分かるようにselect()を利用して、formula、model_index、lm_resultの3つの列を選択し、unnest()によって1つのデータフレームとして展開してdf_resultsに保存します。このときunnest()ではデータフレームに展開するカラムをcolsで指定します。ここでは回帰分析の結果が保存されているlm_resultを指定します。

(ch2_regression.Rの抜粋)

```
## モデルの結果を整形
df_results <- df_models %>%
  mutate(formula = as.character(formula)) %>%
  select(formula, model_index, lm_result) %>%
  unnest(cols = c(lm_result))
```

さて、これでOVBの値を確認するのに必要な回帰分析の実行が終わりました。

ここで確認したいものは $\alpha_1 - \beta_1$ と、 $\gamma_1\beta_4$ の値です。よって、これらの値を3つの回帰分析の結果が保存されているdf_resultsから取り出す必要があります。

まずは α_1 、 β_1 、 γ_1 を取り出します。これらはすべてtreatmentに関するパラメータなので、filter()でterm == "treatment"で抜き出すことができます。最後にデータをベクトルとして抜き出すために、pull()でカラム名estimateを指定してtreatment_coefという変数に保存します。このベクトルは1個目の要素に α_1 があり、2個目の要素に β_1 があり、3個目の要素に γ_1 が入っています。

次に β_4 をdf_resultsから取り出します。 β_4 は回帰式Bに含まれている $history_i$ に関するパラメータなので、ここではdf_resultsに対してfilterでmodel_index == "reg_B"を指定し、term == "history"を指定します。そして先ほどと同様にpull()で値を抜き出し、history_coefという変数に保存します。

OVBの値は $\beta_4\gamma_1$ なので、history_coefとtreatment_coefの3つ目の要素を掛けます。 $\alpha_1 - \beta_1$ はtreatment_coefの1番目と2番目の要素の差分で計算できます。これらの値をそれぞれ出力した結果です。

(ch2_regression.Rの抜粋)

```
## モデルA,B,Cでのtreatmentのパラメータを抜き出す
treatment_coef <- df_results %>%
  filter(term == "treatment") %>%
  pull(estimate)

## モデルBからhistoryのパラメータを抜き出す
```

```
history_coef <- df_results %>%
  filter(model_index == "reg_B",
         term == "history") %>%
  pull(estimate)

## OVBの確認
OVB <- history_coef*treatment_coef[3]
coef_gap <- treatment_coef[1] - treatment_coef[2]
OVB # beta_2*gamma_1
coef_gap # alpha_1 - beta_1
```

```
> OVB
[1] 0.02805398
> coef_gap
[1] 0.02805398
```

　これにより、実際に共変量を追加したモデルとしなかったモデルにおいて、推定される効果の差がOVBの式の結果と一致することが分かりました。つまり、共変量を追加することで推定される効果の値に変化が生じるのは、共変量を追加したことによってOVBが消失したことに由来していることが分かります。

■ **2.2.4　OVBが与えてくれる情報**
....

　OVBの式は、共変量が不十分なモデルの持つバイアスの構造を表しています。そしてその構造とは、バイアスの値は「脱落変数 X_{omit} と Z の関係」と、「脱落変数 X_{omit} と目的変数 Y の関係」の掛け合わせになることを示していました。

　これは介入変数 Z の決定に何らかの関連を持っていて、さらに目的変数 Y との相関もあるような変数を、新たにモデルに含めるとバイアスを低減できるという重要な情報を与えてくれます。一方でこのような変数ではない場合には、推定される効果の値には一切の影響を与えることがありません。このような Z 、 Y の両方に関係のあるような変数のことを**交絡因子**と呼びます。

　目的変数との相関が0ではない変数は、しばしば回帰モデルにおいて含まれるべき重要な存在とされることがあります。これは Y を予測することを目的にするのであれば正しい判断です。しかし、その変数と Z との相関が0であるような場合にはOVBの値は0となるために、その変数を回帰モデルに加えても、効果の推定値は変化しないということになります。また、このときにどちらかが0でなくとも非常に小さい値を持つ場合には、結果的に発生するバイアスは無視できるほどに小さくなる場合があります。よって、Y と Z どちらに対してもある程度相関があるような変数を加えることがよりバイアスの少ない効果推定を行う鍵です。

　OVBの値が小さい、つまり β_4 および γ_1 が小さいという状態は、その変数がもともと Y および Z と関係が薄い変数である場合もありますが、すでにモデルに含まれている変数の影響によって小さくなっているというケースもあります。新たに追加しようとしている変数と相関の強い変数をあらかじめ共変量としてモデルに加えている場合にはOVBの値は小さくなっており、その変数を加えても推定される効果は大きく変化しないことになります。これは Z の割り振りに関係するであろうすべての変数を共変量としてモデルに加えなくともバイアスが十分小さくなる可能性があることを意味します。

　またバイアスを発生させるような変数 X_{omit} がデータとして手に入らない場合にも、その変数と Y と Z との関係がそれぞれ正になるか負になるかを考えることで、今得られている効果の推定結果が過小に評価されているか過大に評価されているかを想定できます。

　モデルに含まれていない変数 X_{omit} が Z、Y とそれぞれ相関している場合、回帰分析から得られた Z に関する効果の推定にはOVBが含まれるということと、そのような場合でも分析結果が致命的な問題を抱えるのかはその変数と Z、Y との相関の強さに依存することをお分かりいただけたと思います。

▪ 2.2.5　Conditional Independence Assumption

　効果検証のための回帰分析における共変量の選択は、理想的にはモデルに含まれていない変数によるOVBがすべて0になるような状態を目指します。これはモデルに含めた共変量で条件付けたときに、介入変数が$Y^{(1)}$や$Y^{(0)}$とは独立しているという状況になり、**CIA**（**Conditional Independence Assumption**）と呼ばれます。より直観的な解釈としては、共変量の値が同一のサンプルにおいて、介入Zはランダムに割り振られているのに等しい状態というものです。

　図2.2は、CIAで想定することをメールマーケティングの例で示しています。仮に、性別と年齢と過去の購買額を共変量としてモデルに投入している場合、それら3つの変数が同じ値を持つユーザの中では、メールの配信は$Y^{(0)}$とは独立に行われると仮定していることになります。

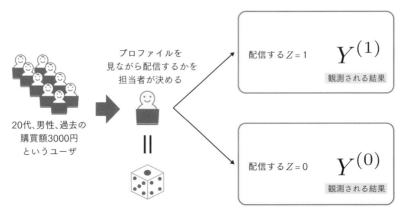

▪ **図2.2**／メールマーケティングにおけるCIA

　CIAは以下のような式で表されます。

$$\{Y_i^{(1)}, Y_i^{(0)}\} \perp Z_i | X_i$$

　回帰分析を行なった結果として得た介入の効果を正しいと考える場合、そのモデルに投入した共変量は上記の仮定を満たすと想定することになり

ます。つまり、回帰分析で推定した効果の値が本当に正しいのかを考える場合、CIAが満たされているか否かを考える必要があるということです。

■ 2.2.6 変数の選び方とモデルの評価

共変量の選択とCIA

回帰分析において、分析者は以下のようなステップでモデルを作ることになります。

1. 介入の割り当てがどのようにして決定されるのかを考える（例：去年の購買が多い人にメールを送りそう、最近購買したばかりの人にメールを送りそう、etc...）
2. 想定される決定方法を表現できるような共変量を選択する（例：昨年の購買量、直近の購買など）
3. 選択した共変量と Y との関係性を考慮してそれぞれの関数を決める

このとき、推定された効果の妥当性を主張するためには、作ったモデルの共変量がCIAを満たしていると考える必要があります。しかし、これを主張する上で2つの問題があります。

バイアスの評価ができないという問題

1つは、得られた効果の推定値がどの程度バイアスを持っているかを評価する方法がないという評価の問題です。

評価が可能な場合には、共変量の組み合わせを試しつつバイアスの値を評価し、それがより小さくなるような組み合わせを最終のモデルとしたくなります。しかし、実際には評価ができないために、このようなプロセスを実行できないということになります。

OVBはバイアスの評価になっているように思えるかもしれません。しかし、OVBはモデル間でのバイアスの変化を示すようなものであり、残りのバイアスの大きさを示してくれるわけではありません。

このような事情から、基本的に分析者はセレクションバイアスがどのよ

うな理由によって発生し、それがどのような変数を含めることでコント
ロールが可能であり、どのような変数の組み合わせを用いることでCIA
が満たされるのかを仮定する必要があります。

必要な共変量がデータにはないという問題

もう1つは、手持ちのデータに含まれる変数だけではバイアスが十分に
減らせない可能性があるという問題です。

仮に推定結果のバイアスの値が評価できるとすると、データの中で最も
バイアスを減らし得る最適な共変量を選ぶことができます。しかしその場
合においても、バイアスを完全になくすことはできない可能性がありま
す。例えば、ある要因がバイアスを生むことを理解していても、それを表
現するようなデータが定義できない場合や、定義できてもそのデータを入
手できない場合が挙げられます。このとき、得られている効果の推定値が
セレクションバイアスの影響を受けていることは分かっても、それらの変
数をモデルに取り込んでバイアスを減らすことはできないことになりま
す。

手持ちのデータに必要な共変量が存在しない場合、基本的には回帰分析
ではセレクションバイアスの影響を取り除いて効果を推定することは不可
能ということです。この場合の回帰分析の推定結果は、得られた効果は投
入した共変量については影響を取り除いているものの、データに存在しな
い変数によるOVBの影響を受けていることになります。

このとき脱落している変数に関するドメイン知識がある場合には、OVB
の大きさについて推察することも可能です。しかし、これは主観を含む方
法であり、分析者の気分や願望を含む結果を得ることが多くなります。

この2つの問題点は何かしらの明確な指標を見ながらモデルの選択がで
きず、モデルの限界についても定量的に評価ができないということを意味
しています。よって、これらの点に関しては分析者が手持ちのデータには
どのようなバイアスが存在しているのか、そして選択している共変量はど
のようなバイアスをコントロールするのかという点についてよく認識して

判断する必要があります。

　一方でより応用的な手法を用いることで、これらの問題に対応することも可能です。本書で詳細については扱いませんが、操作変数法や固定効果モデルといった手法は、このような状況においてもデータが一定の条件を満たしている場合には効果の推定を可能にしてくれます。また、4章で解説する差分の差分法も、必要な共変量がデータとして手に入らない場合の対処法の1つとして考えることが可能な方法です。

Sensitivity Analysis

　手持ちのデータには含まれないような変数が、セレクションバイアスを発生させている可能性は常につきまといます。

　回帰分析はセレクションバイアスを起こす変数をモデルに組み込むことで、その問題を軽減する方法です。よって、データには含まれない変数がセレクションバイアスを起こすような場合には、回帰分析ではこの問題には対処できないということになります。つまり、分析においてはそのようなバイアスが起きているか否かの確認が重要なのです。

　手持ちのデータには含まれない変数がセレクションバイアスを起こしているかを評価するための **Sensitivity Analysis** と呼ばれる方法があります。経済学などの実証論文において回帰分析が用いられる場合、複数の共変量を組み合わせた推定結果がレポートされています。このレポートは組み合わせごとに推定された効果が大きく変化するかを見るためのものです。

　Sensitivity Analysis は、重要だと分析者が認識している共変量以外の共変量をモデルから抜くことで、効果の推定値が大きく変動しないかを確認するという分析です。変動が小さい場合には回帰分析の結果がほかの変数による影響を受けにくいことを示しており、仮にデータセットに含まれていないような変数を含めたとしても大きく変化しないことを示唆します。

　Sensitivity Analysis については Angrist and Pischke (2014)[5] に基本的な解説があり、より詳細な解説に関しては Atonji et al. (2005) を参照することをお勧めします。

＊5　Chapter 2：appendix

■ 2.2.7 Post treatment bias

　セレクションバイアスが減る可能性があるからといって、OVBの値が0
でない変数を何でもモデルに入れて良いというわけではありません。介入
の影響を受けるような変数をモデルに含めた場合、回帰分析の結果が歪ん
でしまうことがあります。

　介入の影響を受ける変数として、メールマーケティングにおいてはサイ
ト来訪を示す $visit_i$ がその例として挙げられます。ユーザはサイトに来
訪しなければ購買できないため、サイトの来訪 X と購買 Y は相関がある
ことが分かります。そして、メールの配信はサイトの来訪を喚起させるた
め、 Z との相関もあることが分かります。

　実際にRでtreatmentに対してvisitと共変量を用いて回帰を行ってみ
ます。

（ch2_regression.Rの抜粋）

```
# (10) 入れてはいけない変数を入れてみる
# visitと介入との相関
cor_visit_treatment <- lm(
  data = biased_data,
  formula = treatment ~ visit + channel + recency + history) %>%
  tidy()
```

```
> cor_visit_treatment
# A tibble: 6 x 5
  term          estimate std.error statistic  p.value
  <chr>            <dbl>     <dbl>     <dbl>    <dbl>
1 (Intercept)     0.726    0.0112      65.0  0.
2 visit           0.144    0.00761     18.9  2.30e- 79
3 channelPhone   -0.0751   0.00948     -7.92 2.51e- 15
4 channelWeb     -0.0738   0.00947     -7.80 6.38e- 15
5 recency        -0.0292   0.000795   -36.7  3.36e-289
6 history         0.000109 0.0000117    9.31 1.41e- 20
```

　共変量の影響を取り除いた状態での相関が0.144という値が有意な結果
として得られます。これらのことからOVBの値は大きくなると考えられ

るので、回帰モデルに $visit_i$ を追加したくなります。

実際にサイト来訪を回帰モデルに入れてみましょう。

（ch2_regression.Rの抜粋）

```
# visitを入れた回帰分析を実行
bad_control_reg <- lm(
  data = biased_data,
  formula = spend ~ treatment + channel + recency + history + visit) %>%
  tidy()
```

```
> bad_control_reg
# A tibble: 7 x 5
  term         estimate std.error statistic  p.value
  <chr>           <dbl>     <dbl>     <dbl>    <dbl>
1 (Intercept)  -0.438    0.376     -1.16    2.44e-  1
2 treatment     0.294    0.177      1.66    9.68e-  2
3 channelPhone  0.121    0.300      0.403   6.87e-  1
4 channelWeb    0.117    0.299      0.392   6.95e-  1
5 recency       0.00988  0.0257     0.385   7.00e-  1
6 history       0.000525 0.000371   1.42    1.57e-  1
7 visit         7.16     0.242     29.6     3.85e-190
```

サイト来訪をモデルに入れた結果、メール配信の効果はvisitを含まないモデルの結果である0.847から0.294へと大きく低下し、実験の結果とは大きく乖離してしまいました。一体なぜこのような変化が起きてしまうのでしょうか？

ポイントは、メールの配信がもともとの購買傾向が弱いユーザのサイト来訪を増やしていることにあります。メールを配信されたグループは、メールが配信されなくともサイトへ来訪するような購買傾向の強いユーザと、メールがあるからサイトへ来訪するような購買傾向の弱いユーザになります。一方でメールが配信されなかったグループは、もともとの購買傾向が強いユーザのみがサイトへ来訪していることになります。よって、サイトへ来訪したユーザ間で比較を行うと、メール配信がされなかったグループの方が売上の平均が高いという結果になってしまいます。

このように、介入によって影響を受けた変数を分析に入れることによっ

て起きるバイアスのことを**Post Treatment Bias**と呼びます。Post Treatment Biasはもともとの介入自体がどのような方法で割り当てられていたとしても発生してしまう問題です。よって、仮にメールをランダムに選んだユーザに配信したとしても、その結果得たデータで$visit_i$を投入した回帰モデルで分析を行えば同様の問題に直面することになります。

この問題を避けるためには、介入よりもあとのタイミングで値が決まるような変数は分析から除外する必要があります。介入が割り振られる前に値が決まっている場合には介入の影響を受けることはまずないので、このような問題に直面することがなくなります。しかし、どのような変数がこれに該当するのかという判断自体は、分析者の知識に依存します。

Post Treatment Biasのような問題は、変数の選択以外にも発生します。実際のビジネスでは、サービスを利用したユーザのログデータしか残されていないことがよくあります。例えばどのユーザが実際に広告を目にしたかは定かでないものの、広告をクリックしてサービスに流入したユーザに関してはログが残っているといった状況です。このような場合に、サービスへのアクセスを誘発するような広告施策を行うと、広告配信グループには購買意向や利用意向の少ないユーザが多くなり、一方で広告を配信しなかったグループはもともとの購買意向が強いユーザといった状態になってしまいます。

当然このようなデータで分析を行えば、先ほどのメールマーケティングの例と同様に、介入グループの方が平均的な売上が低いというPost Treatment Biasの影響を受けた結果を得ることになります。例え介入の割り振りがランダムであっても同様の問題は発生してしまいます。

自社サービス内の施策を評価する場合は、すべてのユーザのデータを得られることが多いためにこの問題を考慮する必要はないと考えられます。しかし、自社のサービスにユーザを誘引するような施策を評価する場合には、分析するデータの取得は施策を実行するツールやサービスに頼ることになるため大きな問題となります。よって、サービスを利用してくれたユーザだけでなく、施策の対象となるようなユーザ全体のデータを用意することが分析においては重要であることが分かります。

2.3 回帰分析を利用した探索的な効果検証

ここでは回帰分析を用いてどのように効果の検証が行われるのかを、Angrist et al.(2002)を例にしながら説明します。Angrist et al.(2002)はコロンビアで行われた私立学校の学費の割引に関する実験を分析した研究であり、ここで示す内容はその分析の一部を再現しています。

データにはGitHub上で公開されているexperimentdatarパッケージのvouchersデータセットを利用します。このデータセットはAngrist et al.(2002)の一部の分析において使われたものです。experimentdatarパッケージはGitHubのみで公開されているので、`remotes::install_github("itamarcaspi/experimentdatar")`によってインストールします。

以降ではvouchersを使って論文の内容の一部を再現し、その分析のプロセスと考え方を追体験します。回帰分析のプロセス自体ではなく、回帰分析を使っていかに介入の効果の全容をとらえるかという部分に着目します。

■ 2.3.1 PACESによる学費の割引券配布の概要

教育に対しての何かしらの補助を行うことでその質を改善する際、教育を提供する側である学校に対して補助を行うべきか、それとも教育の受給者側である生徒側に対して補助を行うべきかという議論が存在します。この論文ではコロンビアで行われた学費の割引券を配る実験によって得られたデータを分析し、受給者の経済的負担に対して補助を行うことの効果を検証しています。1990年代のコロンビアにおいて公立学校は上手く機能しておらず、私立学校に通うことはより良い教育を受けるための代表的な手段の1つでした。しかし一方で私立学校は比較的高い学費を要求するため、多くの人にとっては私立学校は経済面から通いにくいものとなっていました。これに加え、私立学校の中でもより良い教育を受けるためには、より高い学費を支払う必要があるという状況でした。よってこのような状況において割引券を配布することは私立学校への通学者を増やし、多くの生徒により質の高い教育をもたらすことが期待されます。

　コロンビアではより良い教育を多くの貧困層の子供に受けてもらうために、PACESと呼ばれるプロジェクトを発足しました。12万人ほどのSecondary Schoolの学生[*6]に対して、応募者の中からランダムに選択した当選者に私立学校の学費の半分程度を政府が肩代わりする割引券を配りました。

　この割引券を介入としたときの特徴は以下の2つです。

　1つ目は、割引券は私立学校の価格を大幅に下げることです。これは私立学校の学費、つまりは価格を下げることを意味するため、当選したグループにおいて私立学校へ通う割合が大きくなりそうだと想定されます。また、当選した場合には本来は所得の限界で通学できない学費の高い学校を選択できるため、受ける教育の質が向上するという効果も望むことができます。

　割引券は落第すると権利を失ってしまうというしくみになっています。2つ目の特徴として、このしくみによって生徒が落第しないように努力するインセンティブが発生する点があります。割引券は経済的な負担を減らすため、生徒が落第して割引券が失効した場合には、その親にとっては所得が減少するような影響をもたらすことになります。つまり親としても経済負担の観点から子に一定の成績をおさめるように仕向けるインセンティブが存在することになります。これらのことから割引券が当選したグループでは教育の質が向上するとともに、留年しないように努力する結果として留年の減少が起きると期待されます。

　この例では介入がランダムにアサインされているため、RCTを実行しているという設定になります。一見このような設定では回帰分析を行う必要性がないように思われます。しかし実際のデータは、介入がランダムに決定され、それから数年経ったあとの調査に回答してくれた結果から得ています（図2.3）。

＊6　日本の中高生に相当。

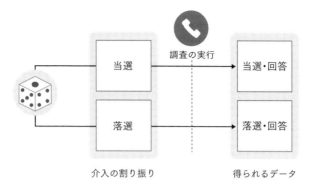

当選

落選

調査の実行

当選・回答

落選・回答

介入の割り振り

得られるデータ

■ **図2.3**／PACESの追跡調査で得られるデータ

　調査に回答するか否かの意思決定の傾向が当選グループと非当選グループにおいて異なるような場合、データとして得られるサンプルの傾向はこれらのグループ間で異なってしまいます。例えば所得が低い場合には、自分の経済的な立場について回答したくないという傾向が発生することがあります。もし介入が将来の所得を押し上げるような効果がある場合、介入が行われなかったグループでは調査の回答を得られない可能性が高くなります。この結果、調査の回答を得られたデータでは介入が行われなかったグループの所得が本来よりも高くなり、介入の所得に対する効果が過小評価されるといったことが起きてしまいます。

　これはランダムな割り振りのあとに調査があることから、たとえ介入の割り振り自体がランダムにうまくできていたとしても問題になり得るということになります。このようにランダムに介入を割り振ったRCTの設定においても、そのデータに加工を加えたり追加の調査を実施した場合は結果としてセレクションバイアスが発生している可能性が考えられるので、それに対応した方法を用いる必要があります。よって、ここでの回帰分析は主に調査方法の影響を取り除くような共変量を選択します。具体的には表2.1で示す変数を共変量として利用します。

▼ 表 2.1／vouchersデータセット

変数名	説明
SVY	電話による調査が行われたか？
HSVISIT	調査が対面によって行われたか？
DMONTH1-12	調査が何月に行われたか？
AGE	調査時の学生の年齢
SEX2	学生の性別
STRATA1-6,MS	調査対象の親の社会的地位の分類

SVY、HSVISITは調査の方法の影響を取り除き、DMONTH1-12は調査のタイミングの影響を取り除きます。AGE、SEX、STRATAは調査の回答が偏っている際にセレクションバイアスを発生させそうな変数と考えられます。

■ 2.3.2 Rによる回帰分析の実行

割引券がどのような影響を与えていたのかを分析するために、さまざまな目的変数に対して回帰分析を行います。

ここで利用する回帰モデルは以下のようになっています。

$$Y_{i,j} = \beta_{0,j} + \sum_{k=1}^{K} \beta_{k,j} X_i + \gamma_j Z_i + u_i$$

Y は目的変数を表しますが、今回はさまざまな目的変数に対する効果を検証するため、j という添え字をモデルの表記に追加しています。例えば Y_{i1} は生徒 i が奨学金を受け取っているか否かを示し、Y_{i2} は生徒 i が私立学校へ通っているか否かを表します。つまり、j 個の回帰モデルがあり、それぞれ別々に推定していることを意味します。これは「2.2.3 RによるOBVの確認」で解説したbroomパッケージを利用して実行できます。

(ch2_voucher.Rの抜粋)

```
# (2) ライブラリとデータの読み込み
remotes::install_github("itamarcaspi/experimentdatar")
library(experimentdatar)
library(broom)
```

```r
library(tidyverse)
data(vouchers)
vouchers

# (3) Angrist(2002)のTable 3. bogota 1995の再現
## 回帰式の準備
### 回帰式で使う文字列の準備
formula_x_base <- "VOUCH0"
formula_x_covariate <- "SVY + HSVISIT + AGE + STRATA1 + STRATA2 + STRATA3 +
                        STRATA4 + STRATA5 + STRATA6 + STRATAMS + D1993 +
                        D1995 + D1997 + DMONTH1 + DMONTH2 + DMONTH3 +
                        DMONTH4 + DMONTH5 + DMONTH6 + DMONTH7 + DMONTH8 +
                        DMONTH9 + DMONTH10 + DMONTH11 + DMONTH12 + SEX2"
formula_y <- c(
  "TOTSCYRS","INSCHL","PRSCH_C","USNGSCH","PRSCHA_1","FINISH6","FINISH7",
  "FINISH8","REPT6","REPT","NREPT","MARRIED","HASCHILD","HOURSUM","WORKING3")

### formula_yの各要素に対して共変量を含まない回帰式の作成
base_reg_formula <- paste(formula_y, "~", formula_x_base)
names(base_reg_formula) <- paste(formula_y, "base", sep = "_")

### formula_yの各要素に対して共変量を含む回帰式の作成
covariate_reg_formula <- paste(
  formula_y, "~", formula_x_base, "+", formula_x_covariate)
names(covariate_reg_formula) <- paste(formula_y, "covariate", sep = "_")

### モデル式のベクトルを作成
table3_fomula <- c(base_reg_formula, covariate_reg_formula)

### モデル式のベクトルをデータフレーム化する
models <- table3_fomula %>%
  enframe(name = "model_index", value = "formula")

## 回帰分析を実行
### bogota 1995のデータを抽出
regression_data <- vouchers %>% filter(TAB3SMPL == 1, BOG95SMP == 1)

### まとめて回帰分析を実行
df_models <- models %>%
  mutate(model = map(.x = formula, .f = lm, data = regression_data)) %>%
```

```
  mutate(lm_result = map(.x = model, .f = tidy))

### モデルの結果を整形
df_results <- df_models %>%
  mutate(formula = as.character(formula)) %>%
  select(formula, model_index, lm_result) %>%
  unnest(cols = c(lm_result))
```

　このデータフレームは各回帰分析における割引券の効果の推定値を保存したものです。model_indexのカラムには、どの目的変数に対する分析だったのか？ そのときのモデルが共変量なし(base)だったのか？ あり(covariate)だったのか？ が記録されています。このテーブルを参照しながら、割引券の効果について考えていきましょう。

■ 2.3.3　私立学校への通学と割引券の利用についての分析

　まずは当選したグループでそもそも割引券がちゃんと使われたのかを確認するために、6年生の開始時に私立学校に在籍していたかを示すPRSCHA_1と調査期間中に何かしらの奨学金を使ったかを示すUSNGSCHに対する回帰分析の結果を参照します。これは回帰分析の結果が保存されたdf_resultsを呼び出して、filter()を用いることで得ることができます。

(ch2_voucher.Rの抜粋)

```
# 通学率と奨学金の利用
using_voucher_results <- df_results %>%
  filter(term == "VOUCH0", str_detect(model_index, "PRSCHA_1|USNGSCH")) %>%
  select(model_index, term, estimate, std.error, p.value) %>%
  arrange(model_index)


> using_voucher_results
# A tibble: 4 x 5
  model_index        term  estimate std.error  p.value
  <chr>              <chr>    <dbl>     <dbl>    <dbl>
1 PRSCHA_1_base      VOUC~   0.0629    0.0169 2.00e- 4
```

```
2 PRSCHA_1_covariate  VOUC~    0.0574    0.0170 7.42e- 4
3 USNGSCH_base        VOUC~    0.509     0.0230 1.80e-90
4 USNGSCH_covariate   VOUC~    0.504     0.0229 1.32e-89
```

　PRSCHA_1の結果は、共変量を含まないモデルを含むモデルも大体6%程度の効果が推定されています。これは当選グループにおいて私立学校で6年生を始める比率が6%程度高まったことを示しています。確かに想定通りにポジティブな効果がありますが、当選グループにおいて私立学校の学費が50%程度と大幅に低下しているのに対して、私立学校への通学が6%程度しか増加していないことは直観に反する結果です。しかしデータを確認すると、くじにはずれたグループでも87%程度の生徒が6年生を私立学校でスタートしています。つまり、くじに当たってもはずれても結局私立学校へ通う生徒が多いということになります。

　Angrist et al. (2002) らはこの傾向に対して、申請の条件に私立学校の入学許可の提出が含まれていることが理由だろうという説明をしています。つまり、すでに入学する確率が高い状態の生徒の間で介入をランダムにアサインしている状況となっているためにこのような状況が起こっていると考えられます。

　当選せずとも初年の私立学校へ通う比率は高く、当選した場合にもその比率はそう大きくは変わらないという結果は、当選してもしなくても生徒が受ける教育の質は短期的にはそう大きくは変わらないということを意味しています。よって、今後の分析で学力などに効果が確認できたとしても、その効果は学習の環境を短期的に変えたことで生まれるわけではないことを示唆します。

　USNGSCHの結果は、どちらのモデルにおいてもおおよそ50%程度の効果が推定されています。これは当選グループにおいて何かしらの奨学金を調査期間中に使っている割合が、非当選グループに対して50%多いことを示しています。非当選グループにおける奨学金の利用率は5%程度であるため、当選したことにより多くの生徒が割引券を利用し続けていることが分かります。

　これらの結果から、割引券自体は当選グループでちゃんと使われている

ものの、そもそもの私立学校への通学率が高いために通学率での効果が限定的になっていることが分かります。よって、少なくともこのデータにおいては割引券には私立学校へ"通わせ始める"効果は確認されなかったということになります。

■ 2.3.4　割引券は留年を減らしているか?

　前述の通り、割引券を継続的に利用するためには留年をしてはいけないという規約があります。このため、当選グループの学生たちは一定以上の成績を得なければ、割引が取り除かれた状態で留年することになってしまうため、それを回避するために勉学に励むインセンティブが存在します。また、学生の親にも学費の負担という観点で学生に勉強を促すインセンティブが発生することになります。よって、割引券によって私立学校に入学する比率は大きく変わらなくとも、割引券が留年を減らして私立学校への通学を継続させる効果が存在すると考えられます。

　ここからはRの代表的なグラフ描写パッケージであるggplot2パッケージ[7]によるグラフを利用して分析結果を解釈していきます。プロットの表示の仕方については本文で詳細を解説しませんが、公開されているコードによってプロットを再現できます。また、これ以降の分析においては共変量を含んだモデルのみ解釈を行っていきます。

　図2.4のグラフは、進学や留年に関連する変数を目的変数とした回帰分析における当選グループの効果を示したものです。縦軸には効果量が示されており、横軸はどのモデルにおける結果かを示しています。また、効果量を示す点の上下の幅は95%の信頼区間を表しており、この幅が0にかかっていない場合には5%の有意水準で有意差があるということになります。

---

* 7　https://ggplot2.tidyverse.org/

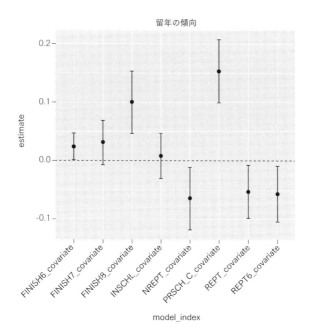

■ 図 2.4／留年と進級の傾向

　まず最初に割引券が当選することによって私立学校へ通い続ける傾向が
増加するかを確認するために、PRSCH_Cに対する効果を確認します。
PRSCH_Cは、当選から3年経過した調査の段階においてまだ私立学校へ
通っているかを表す変数です。通っている場合には1となり、そうでない
場合には0をとります。グラフを確認すると効果量は0.15程度という結
果になっており、当選したことによって私立学校へ通い続ける生徒が
15%程度増えていることが分かります。

　私立と公立を問わずに通学の傾向を確認するために、INSCHLに対する
推定結果を確認します。この推定結果の信頼区間に着目すると、0を含む
ような状態になっているため、当選することによって何かしらの学校への
通学を増加するような効果は明確ではないということになります。さら
に、推定結果も0.01程度となっているために、仮に信頼区間の中に0を
含まないような状況であったとしても、その効果は非常に小さいものであ
るということが分かります。

　PRSCH_C と INSCHL に対する回帰分析の結果、当選したことによって学校に通えるような学生が増えることはなかったが、当選したことによって私立の学校へ通い続けられる学生は増えたことが分かりました。

　次は、留年を防止するようなしくみが想定通りに影響しているのかを確認します。割引券のしくみをもとに私立学校へ通い続けるということは、当選グループにおいては留年する傾向も低くなっていると考えられます。この点を確認するために、留年の傾向を比較します。6年生で留年をしたかを示すREPT6に対する推定効果は −0.06 であり、当選グループでは6年生における留年する確率が6％程度低いという結果を示しています。

　つまり今までの分析結果を加味すると、当選したことによって私立学校へ継続的に通学できるようになっており、それは割引券による学費の低下とそれを維持し続けるために留年しなくなった生徒がいるという状況がありそうだと考えられます。

　このほかにも調査が行われるまでの3年間で何回留年をしたかを示すNREPTや、調査までに一度でも留年をしたかを示すREPTといった変数に対する効果も分析していますが、どちらも留年の傾向が有意に減少するといった結果になっています。これらの効果の傾向は、当選から調査までの3年間で6、7、8年生の修了を表すFINISH6-8に対する効果の推定結果としても現れています。6年生を修了する割合は当選グループでは2％程度高くなっており、7年生、8年生の修了割合は3％、10％と高くなっています。たとえ留年したとしてもその後6年生を終了すればここでは修了したものとしてカウントされるため、6年生での差は出にくくなっています。一方で調査期間までに一度でも留年をすると8年生の修了は不可能になるため、差が発生しやすくなっています。これらの結果は、割引券の当選が留年を減少させる効果をサポートするように働いていると言えるでしょう。

　これらの分析の結果として、割引券の効果は、私立学校への通学を維持すること、留年しないようになるということが分かりました。しかし、このような結果は、割引券を受け取った生徒がより学費が高く教育の質が高い学校へ行ったために留年しなくなったということに起因しているとも考えられます。

　これらの原因を特定するために、各生徒と学校選択についてのデータが

必要になりますが、今回のデータセットにはそのようなデータが含まれていないため、この要因の切り分けはできません。よって、留年しなくなる理由が割引券のインセンティブ設計にあるのかをこのデータで完全に明らかにすることはできません。

■ 2.3.5　性別による効果差

　これまでの分析の結果、割引券が当選すると私立学校へ長く通い続け、留年しにくくなるという傾向があることが分かりました。しかしこれらの結果は生徒の性別によって異なるのでしょうか？ ここでは Angrist et al.(2002) において、割引券の教育的な側面の効果を男女別で検証している table4 および table6 を再現し、当選効果の性別差について分析します。

　実際の回帰分析のコードは以下のようになります。

（ch2_voucher.Rの抜粋）

```
# (4) Angrist(2002)のTable.4 & 6 bogota 1995の再現
## table4に使うデータを抜き出す
data_tbl4_bog95 <- vouchers %>%
  filter(BOG95SMP == 1, TAB3SMPL == 1,
         !is.na(SCYFNSH), !is.na(FINISH6), !is.na(PRSCHA_1),
         !is.na(REPT6), !is.na(NREPT), !is.na(INSCHL),
         !is.na(FINISH7),
         !is.na(PRSCH_C), !is.na(FINISH8), !is.na(PRSCHA_2),
         !is.na(TOTSCYRS), !is.na(REPT)
  ) %>%
  select(VOUCH0, SVY, HSVISIT, DJAMUNDI, PHONE, AGE, STRATA1:STRATA6, STRATAMS,
         DBOGOTA, D1993, D1995, D1997, DMONTH1:DMONTH12, SEX_MISS, FINISH6,
         FINISH7, FINISH8, REPT6, REPT, NREPT, SEX2, TOTSCYRS, MARRIED,
         HASCHILD, HOURSUM, WORKING3, INSCHL, PRSCH_C, USNGSCH, PRSCHA_1)

## 女子生徒のみのデータでの回帰分析
### 女子生徒のデータだけ取り出す
regression_data <- data_tbl4_bog95 %>% filter(SEX2 == 0)

### まとめて回帰分析を実行
df_models <- models %>%
```

```
  mutate(model = map(.x = formula, .f = lm, data = regression_data)) %>%
  mutate(lm_result = map(.x = model, .f = tidy))

### モデルの結果を整形
df_results_female <- df_models %>%
  mutate(formula = as.character(formula),
         gender = "female") %>%
  select(formula, model_index, lm_result, gender) %>%
  unnest(cols = c(lm_result))

## 男子生徒のみのデータでの回帰分析
regression_data <- data_tbl4_bog95 %>% filter(SEX2 == 1)

### まとめて回帰分析を実行
df_models <- models %>%
  mutate(model = map(.x = formula, .f = lm, data = regression_data)) %>%
  mutate(lm_result = map(.x = model, .f = tidy))

### モデルの結果を整形
df_results_male <- df_models %>%
  mutate(formula = as.character(formula),
         gender = "male") %>%
  select(formula, model_index, lm_result, gender) %>%
  unnest(cols = c(lm_result))
```

　私立学校への入学の傾向と奨学金の利用傾向を確認するために PRSCHA_1 と USNGSCH に対する効果の分析を行います。ここでは男子生徒と女子生徒でデータを分割し、それぞれで別の回帰分析を行っています。図2.5のグラフは上側が女子生徒の結果であり、下側が男子生徒の結果となっています。

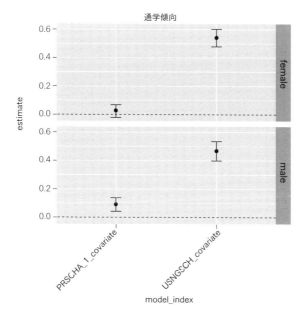

■ **図2.5**／私立学校への入学と奨学金の利用

　介入の割り振りが行われた年における私立学校への通学を示す PRSCHA_1に対する分析結果を見ると、男子生徒の結果では9%程度の効果があったと示しており、男子生徒は当選することで私立学校へ通い始める傾向が強くなっていることが分かります。一方で女子生徒の結果では2%という結果になっていますが統計的に有意な差ではないため、私立学校へ通わせる効果はないという可能性を否定し切れないということとなります。またこのとき仮に結果が統計的に有意だったとしても、その効果量は男子生徒の4分の1以下であるため、女子生徒では割引券の私立通学を増加させるような効果が非常に小さく、性別によって効果が大きく異なっていることが分かります。

　奨学金の利用を示すUSNGSCHに対する分析結果では、男子生徒では46%程度の効果があることが示唆されていますが、女子生徒では55%程度の効果となっており、女子生徒の方が当選した際に奨学金を利用する傾向が強いことが分かります。

次に、私立の学校へ通学し続ける効果に関する分析結果を見てみましょう（図2.6）。

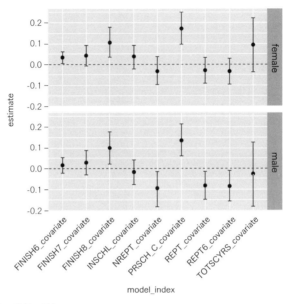

■ **図 2.6** ／留年と進級の傾向

まずは私立学校への通学を継続しているかを確認するために、PRSCH_C に対する分析結果を見てみましょう。男子生徒の場合の効果は13％となっており、女子生徒の場合には17％という結果になっているため、私立学校へ通学させ続ける効果は女子生徒に対しての効果の方が高いと考えられます。私立公立を問わない通学を示す INSCHL に対する結果は男女両方のデータにおいて有意な傾向はありません。

次に留年に対する効果を確認します。割引券を利用できる最初の学年である6年生での留年を示す REPT6 に対する分析では男子生徒では、当選グループでは8％ほど留年が低くなっているという結果になっていますが、女子生徒においては3％の減少効果が推定されたものの統計的に有意な結果ではありません。よって、男子生徒においては当選すると留年が減少するような効果がある一方で、女子生徒に対しては留年を減らすような効果

がないことを否定できない上に、仮にあったとしてもその効果は男子生徒に比べると小さいという分析結果になります。

　次に調査までの3年間で6、7、8年生を修了できたかを示すFINISH6、FINISH7、FINISH8に対する効果を分析します。男子生徒の場合には8年生の修了を10%程度増加させる効果があり、6年生、7年生では有意差がない結果になりました。一方で女子生徒は6年生を修了する確率が3%程度増え、8年生の修了は10%程度増加しているという結果になっています。よって女子生徒が男子生徒と同様に、割引券の効果でより高い学年を修了できるようになっていることが分かりました。男子学生の分析結果から描かれるストーリーは全体のデータで分析したものと変わりはありません。しかし、女子生徒の結果はこれとは大きく変わっています。私立学校への通学を維持する効果は女子生徒の方が高い結果になっていましたが、留年に対する効果はほぼないという結果になりました。

　この結果は女子生徒が私立学校へ通い続けられない原因が学力や留年以外の要因にあることを示唆している可能性があります。1つの仮説としては、女子生徒に対して家庭内の経済的なリソースが分配されにくく、経済的なショックの影響を受けやすいというものがあります。このような状況が起きている場合、急な所得の減少などが起きると家庭内の男子よりも女子の方から公立への転校を迫られたり、労働によって家計を助けることを求められる可能性があります。

　この場合、割引券が与えられることで私立学校への通学が維持されるとともに、労働時間の減少が想定されます。前者についてはすでにFINISH6、FINISH7、FINISH8の分析から確認しているので、労働時間を示すHOURSUMに対する分析結果を確認します（図2.7）。

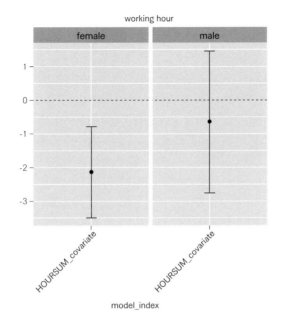

■ **図2.7**／労働時間の傾向

　労働時間を表すHOURSUMに対する分析結果は男子生徒では0.6時間の減少という結果ですが、これは統計的に有意な結果ではありません。一方で女子生徒においては2.1時間と効果量が大きい上に統計的に有意な結果となっています。このことから割引券によって経済的な問題がいくらか解決され、その結果として女子生徒が私立学校へ継続して通える状況になっていると考えることができます[*8]。

■ **2.3.6　分析のまとめ**

　この分析例では1つのデータセットに対して1つだけ効果を検証するのではなく、さまざまな変数に対する効果を検証しました。これにより割引券という介入について次のようなことを確認しました。

＊8　しかし、労働時間が減少するような理由はほかにも仮説を考えることができます。例えば私立学校がそもそも公立学校に対して勉強などのコミットを要求する場合、このような事情がなくとも労働時間が減少するような可能性があります。

- そもそも利用されているか
- 私立学校への通学が維持されるか
- 留年に影響するか

またさらにデータを男女で分けて効果を分析することにより、介入の作用が性別によって違う可能性があることについても分かってきました。

ビジネスにおいても教育のように複雑な事象に対して介入を行うケースは多々あります。そのような状況においては介入の効果を推定するだけでなく、それがどのようなしくみを通じて効果を発揮しているのかについて考えることも重要です。このようなモチベーションに基づいて、さまざまな目的変数に対して回帰分析を行う例は計量経済学の実証研究などでは多く見られます。

しかし、このようなプロセスは思いついた目的変数をなんでもかんでも回帰分析にかけてみて、効果を測るというものではありません。割引券のしくみから考えたように、分析対象となっている介入の事前知識から考え、その上で必要と思った変数に対して順序立てて分析を行う必要があるということに気を付けましょう。

2.4 回帰分析に関するさまざまな議論

回帰分析はさまざまな統計分野で利用される手法であるために、分析の妥当性についてはさまざまな視点からの意見があります。しかし多くの場合、ほかの分野において重要視される性質を求められることと因果効果を推定することは両立せず、因果効果の推定においてはそれらの性質については無視されることになります。なぜほかの分野で要求されるような性質を重要視しないのかについて考えることは、実務において非常に重要な知識となります。ここでは著者がよく聞かれた質問について解説します。

■ 2.4.1　予測と効果推定

　分析の現場では、しばしば目的変数に対する予測能力の低いモデルは、効果の検証としての利用価値がないといった議論が発生します。これは機械学習のような予測を目的としてとらえる分野においては重要な視点であり、また多くの場合モデルの予測能力の計測が直感的なモデルの評価になると考えられています。よって、多くの分析現場においては、予測能力が一定以上ないモデルは一切の価値がないといった扱いになりがちです。

　一方で本章で説明した回帰分析のプロセスでは、予測能力や手元のデータに対する説明能力を一切考慮していません。これらを考慮しない理由は「モデルのデータに対する説明能力や、未知のサンプルに対する予測能力を高めることが、"効果検証において有用である"という保証にはならない」という点にあります。

　例えば、RCTを行ったデータセットにおいて介入変数のみを入れて回帰をした場合、ほとんどの場合においてバイアスが非常に小さい分析結果を得ることができます。しかし一方で、そのモデルの Y に対する予測能力はモデルが2種類の予測値しか出力できないために非常に低くなります。

　脱落変数バイアスの式に着目すると、介入変数と結果変数に相関するような変数を含めれば、より正確な Z に関する効果を得ることができることが分かります。一方で単に Y の予測を改善するような変数を追加しても、その変数が Z と相関がないような場合には効果の推定は改善しないということになります。

　これらの事情から、Y に対する予測能力が一定以上なければ効果検証としてのモデルの価値がないという批判は、本質をついたものではないことが分かります[*9]。

■ 2.4.2　制限被説明変数 (Limited Dependent Variable)

　予測や説明力を重視するようなモデルを扱う分野においては、Y の変

＊9　しかし、モデルの目的変数に対する説明能力を向上させることは、推定値の標準誤差を小さくする効果があり、介入効果の検証としても無価値ではありません。

数の分布に対してより適したモデルを選択するような操作が行われます。例えば Y が購入したか否かといった0か1の値のみをとるような場合にはロジスティック回帰を選択し、Y が売上のような0以上の整数値しかとらない場合にはポアソン回帰を選択するといった操作です。このように目的変数が特定の値しかとらないような制約がある状態を**制限被説明変数**（**Limited Dependent Variable**）と呼びます。

　本書においては制限被説明変数を用いる場合においても、ロジスティック回帰やポアソン回帰などを利用せず、線形回帰で分析を行います。これを正当化する理由は、本書では介入変数 Z が0か1の値しかとらないバイナリの変数の場合しか扱わないという点にあります。この場合 Y がどのようなデータであれ、$E[Y|Z=1]$ と $E[Y|Z=0]$ の関係は線形になります。しかし、介入変数である Z が連続値の値を持ち Y と非線形な関係を持つ場合、効果の関数を無理やり線形で示すことになります。よってこの場合には、線形回帰での効果分析の妥当性は存在しないという点に注意しましょう[*10]。

■ 2.4.3　対数を利用した回帰分析

　回帰分析では、しばしば目的変数や共変量の自然対数（log）をとった値を利用することがあります。本書で扱っている効果の分析をする際も対数をとった変数を利用できます。

　目的変数の対数をとる場合、推定されるパラメータの解釈はそれぞれ Y に対して何%の影響があったか？　という解釈になります。一方で、回帰モデルに含める変数 X の対数をとった場合、推定されたパラメータの解釈は X を1%変化させたとき Y に対してどの程度の影響を与えるかということになります。これは対数の差が以下に示す式のように変化の割合を近似することを利用しています。

＊10　より詳細な議論は Mostly Harmless Econometrics P.94 を参照。

$$\log(X_1) - \log(X_2) = \log(1 + \frac{X_1 \quad X_2}{X_2})$$
$$\sim \frac{X_1 - X_2}{X_2}$$

例えば以下のようなモデルを推定した場合で説明します。β_3 が仮に 0.1 であれば、$treatment_i = 1$ のときに目的変数の値が平均的に 10% 高いことを示すので、介入された場合に目的変数の値を 10% ほど増加させることが分かります。一方で β_1 の値が 0.1 であれば $X_{1,i}$ の値が 1% 増加したときに目的変数が 0.1% ほど増加するという意味になり、β_2 は $X_{2,i}$ の値が 1 増加したときに目的変数が 10% 高くなることを意味しています。このように回帰モデルの変数で対数をとった場合にはそれらの変数の変動の単位が % となるように解釈されます。

$$\log(Y_i) = \beta_0 + \beta_1 \log(X_{1,i}) + \beta_2 X_{2,i} + \beta_3 treatment_i + u_i$$

本書で扱う分析において、対数をとる理由は 2 つに絞られます。1 つは目的変数に対する介入の効果が比率で扱われるべきであるときです。これは分析するサンプルがもともと持つ目的変数のスケールなどが違う際に必要な処置です。もう 1 つは共変量と目的変数の関係が比率で扱われるべきであるときです。本来は比率が影響するような共変量に特に配慮をしない場合にはセレクションバイアスが発生する可能性があります[*11]。

■ 2.4.4 多重共線性

1 つのモデルから複数の変数に関する情報を得ることを想定して回帰分析を使う際は、変数同士の相関に対して多くの配慮が行われます。**多重共線性**とは、回帰モデルに含まれている変数のうちの 2 つが強い相関を持つ状況のことを指します。この場合、推定されるパラメータの標準誤差が変化してしまうため、検定の結果が大きく歪んだものとなってしまいます。

[*11] 一方で本書で扱う分析では**目的変数の分布が正規分布に近くなるから**という理由で対数を利用するわけではないことに注意しましょう。多くの場合このような理由で対数を用いることの妥当性は批判の対象にもなります。

多重共線性の影響を確認するために、回帰分析で得られる推定値の分散の
式を見てみましょう。

$$\bar{x}_k = \frac{1}{N} \sum_{i=1}^{N} x_{k,i}$$

$$Var(\hat{\beta}_k) = \frac{\sigma^2}{(1 - R_k) \sum_{i=1}^{N} (x_{k,i} - \bar{x}_k)^2}$$

R_k は変数 k と多重共線性を起こしていると考えられる変数の相関を表
した値です。完全に連動する変数は相関が1となるため、相関が強いと分
母が0に近づき、$Var(\beta_k)$ の値は非常に大きくなってしまいます。よって、
多重共線性の問題とは、推定されたパラメータの標準誤差が信頼できない
ものになってしまう点にあります。これによって検定の結果などはあまり
意味がなくなってしまいます。しかし、多重共線性は関連の強い変数以外
の変数には特に影響を与えることはありません。このことから、介入の変
数以外で多重共線性が起きている場合には、興味のある介入効果のパラ
メータには何の影響もないことになります。つまり、介入変数における多
重共線性には十分に配慮するべきですが、それ以外の変数においては仮に
起きていたとしても大きな問題とはならないということです。

■ 2.4.5　パラメータの計算

回帰分析にて推定されたパラメータは、一体どのような過程を経て算出
されているのでしょうか。この過程を理解することは、どのようなデータ
が推定結果に対して大きな影響を与えるのかという疑問に対する答えをも
たらしてくれます。また、このような情報はさまざまな手法の推定結果を
比較する際にも重要です。

重回帰分析における介入の効果は以下のように算出されます。

$$\beta_1 = \frac{Cov(Y_i, \epsilon_i)}{Var(\epsilon_i)}$$

$$Z_i = \gamma_0 + \sum_{j=1}^{J} \gamma_j X_{j,i} + \epsilon_i$$

この式白体は重回帰分析の誤差最小化問題を解くことで導出できます。
ϵ_i はこのとき介入変数 Z_i に対してほかの共変量 $X_{j,i}$ を回帰させ、残った誤差をとったものです。つまり、共変量と相関のない部分のみが残った値と言えます。

この誤差と目的変数 Y の共分散を誤差の分散で割った値が、この式の結果となる推定値です。共変量がすべて0か1で表される Saturated Model と呼ばれるような場合、この式を変形させると以下のような形になります[*12]。

$$\beta_1 = \frac{Cov(Y, \epsilon)}{Var(\epsilon)}$$
$$= \frac{E[Var(Z|X)(E[Y|Z=1, X] - E[Y|Z=0, X])]}{E[Var(Z|X)]}$$
$$Var(Z|X) = P(Z=1|X)(1 - P(Z=1|X))$$

推定されたパラメータの値は、共変量の値が X のときの平均の差を介入変数の分散で重みを付けて平均をとった値に等しいということになります。つまり、介入変数の分散が大きい X の値を持つデータは、パラメータの推定結果を大きく左右する要因になることが分かります。

介入変数の分散は $P(Z=1|X)(1 - P(Z=1|X))$ となるので、$P(Z=1|X) = 0.5$ のときに最大になります。よって、介入グループと非介入グループの割合が50：50になっているサンプルが回帰分析の結果に対して最も影響を与えます。また一方で $P(Z=1) = 0$ もしくは $P(Z=1) = 1$ のときには $P(Z=1|X)(1 - P(Z=1|X))$ は0になります。つまり、介入・非介入グループのどちらか一方しか含まれないようなサンプルは、推定結果にはほぼ影響を与えないということになります。直観的には、与えられたデータの中でより適正な比較が行われていると思われるデータの中での差を効果としてとらえていると解釈できます。

RCTを行なっているデータの場合、介入グループと非介入グループの割合の期待値はどの X においても0.5となります。このため、回帰分析は

[*12] この式は Saturated Model におけるパラメータの中身を表したものですが、連続変数を用いた場合においてもこのイメージは大まかには変わりません。

データにおける平均的な効果（ATE）を推定していることになります。しかし、RCTを行っていないデータにおける回帰分析では、必ずしもATEが推定できているとは限りません。

これは介入変数の効果が実際にはサンプルの特徴によって左右されるような場合などに生じます。例えば $P(Z=1|X)(1-P(Z=1|X))=0.5$ となるようなサンプルでの効果が低く、 $P(Z=1|X)(1-P(Z=1|X))=0.1$ となるようなサンプルでの効果が高い場合を考えます。この場合、前述の通り前者のサンプルの影響が回帰分析での推定結果に強い影響を与えることになります。よって、推定結果としては低めの効果が得られることになります。このような場合には、回帰分析の結果とRCTとの分析結果が同一にならないという問題が発生します。しかし、それはセレクションバイアスがうまく軽減できていないという話ではなく、回帰分析が与えられているデータの中で妥当に比較できそうなサンプルに絞り込んで比較を行うという特徴に原因がある可能性が考えられます。一方で介入変数の効果がサンプル間で大きく変化しないと想定される場合にはこのような問題は起きず、RCTを行った場合と同様の結果を得ることができます。

因果推論の手法の多くは、手持ちのデータに何かしらの重みを付けて妥当な比較を行う構造になっています。どのような重みを使うのかによって、どのような効果が推定されているのかが異なることになります。よって、複数の種類の因果推論の方法を利用した場合、同じ効果を推定することはほとんどありません[13]。

参考文献

• Angrist, Joshua, et al. "Vouchers for private schooling in Colombia: Evidence from a randomized natural experiment." American economic review 92.5 (2002): 1535-1558.

---

[13] このような状態の時、しばしば「別の因果効果が推定されている」と呼ばれます。

- Angrist, Joshua D , and Jörn-Steffen Pischke. Mostly harmless econometrics: An empiricist's companion. Princeton university press, 2008.
- Angrist, Joshua D., and Jörn-Steffen Pischke. Mastering'metrics: The path from cause to effect. Princeton University Press, 2014.
- Athey, Susan, and Guido W. Imbens. "The econometrics of randomized experiments." Handbook of Economic Field Experiments. Vol. 1. North-Holland, 2017. 73-140.
- Altonji, Joseph G., Todd E. Elder, and Christopher R. Taber. "Selection on observed and unobserved variables: Assessing the effectiveness of Catholic schools." Journal of political economy113.1 (2005): 151-184.
- 『「ほとんど無害」な計量経済学 : 応用経済学のための実証分析ガイド』
  ヨシュア・アングリスト, ヨーン・シュテファン・ピスケ著；大森義明 [ほか] 訳；NTT出版；2013

3章

傾向スコアを
用いた分析

傾向スコアは近年大きな発展を遂げている因果推論の手法の
1つです。

傾向スコアとは、介入の割り当て確率が同一のサンプルで
行った比較はセレクションバイアスが軽減されるという状況
を利用した分析方法です。しかし、介入の割り当て確率自体
が手に入ることは珍しく、分析者がその確率を推定する必要
があります。本章では、傾向スコアの推定方法とそれを利用
した効果の検証方法を解説することに加え、どのような傾向
スコアが望ましいかについて議論を行います。

3.1 **傾向スコアのしくみ**

■ 3.1.1 傾向スコアのアイデア

　回帰分析は共変量の選定が重要であり、非常に難しいプロセスです。実際の分析を行うと、目的変数 Y がどのようなしくみで決定されているかについて、十分な情報が得られない場合があります。このような場合、回帰分析では共変量の選択が難しいことがしばしばあります。例えばユーザが何を理由に商品を購入するのかは多くの場合不明瞭であり、商品の購入を目的変数としたモデリングはかなり難しいことが想定され、共変量の選択は何が正解なのかよくわからない状態になってしまいます。

　また、インターネット上で得られるユーザの行動ログなどを扱う場合には、さまざまな種類のデータが得られるために、数千から数万といった高次元のデータを扱う必要があります。この場合においても、回帰分析でどのような変数を共変量として扱うのかを選定するプロセスは、時間を大量に消費する上に、非常に難しい問題です。さらに、これらの変数が目的変数と線形もしくは非線形の関係性を持つのかを考えることも同様に難しい問題です。

　推定される効果についても、「2.4.5 パラメータの計算」で説明したように、回帰分析では介入変数の効果がサンプルの特徴によって異なる場合とそうでない場合には、推定される効果の性質が異なるという問題がありました。

　本章で紹介する**傾向スコア**とは各サンプルにおいて介入が行われる確率のことです。傾向スコアを用いた分析は、介入が行われたしくみに着目し、介入グループと非介入グループのデータの性質を近くする操作を行うことで、これらの問題点を回避するような方法です。図3.1は回帰分析で考えられている仮定であるCIA（Conditional Independence Assumption）と、傾向スコアの仮定を表したものです。

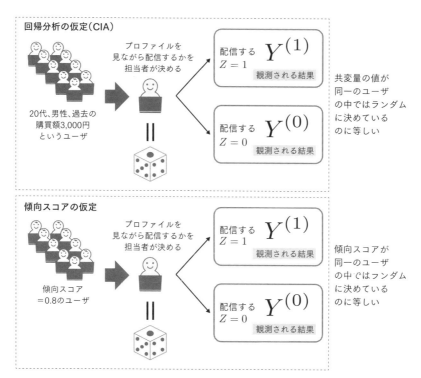

■ **図 3.1** ／傾向スコアの仮定

「2.2.5 Conditional Independence Assumption」で見た通り、CIA とはモデルに使われている共変量 X_i の値が同じ値を持つサンプルの中で、介入が $Y^{(0)}$ とは独立に割り振られていることを示すものでした。この場合、共変量 X_i の値が同じサンプルの間において介入はランダムに割り振られている状態に等しいので、効果を推定することが可能でした。一方で傾向スコアは、大まかには介入が割り振られる確率である傾向スコア $P(X_i)$ が同一になるようなサンプルの中では、介入が $Y^{(0)}$ とは独立に割り振られているという仮定に基づいています。よって、回帰分析との仮定の違いは、共変量で条件付けるのではなく、共変量から算出した介入の割り振り確率で条件付けたサンプルの中で介入の割り振りが独立だと考える点にあります。回帰分析の仮定である CIA は、共変量の値がすべて同じであることを想定しています。しかし、傾向スコアでは共変量 X_i をもとに算出される傾向

スコア $P(X_i)$ の値が同じという状態を考えます。よって、共変量の値がどうであれ、算出される傾向スコアの値が同じであれば、メールの配信は $Y^{(0)}$ とは独立に決定されていると考えることが可能です。

傾向スコアの仮定は以下のように書くことができます。

$$\{Y^{(1)}, Y^{(0)}\} \perp Z | P(X)$$

この介入変数 Z が割り振られる確率 $P(X_i)$ のことを傾向スコアと呼びます。傾向スコアで想定する状況では、X_i がすべて同じ値を持たなくても良く、X_i から算出される割り当て確率 $P(X_i)$ さえ同一であればその中でランダムに介入が割り振られていると考えられます。そのため、「2.2.5 Conditional Independence Assumption」で見たCIAと比較すると、いくらか緩和された条件で分析を行なっているとも言えます。

このように共変量そのものではなく、そこから推定した確率で条件付けることの妥当性に関しては、星野 (2009) や Angrist and Pischke (2008) の証明を参照してください。

■ 3.1.2 傾向スコアの推定

介入変数の割り当て確率である傾向スコア $P(X)$ を直接観測できる状況はほとんどありません。しかし、割り当ての結果は Z として観測されるため、何かしらのモデルを用いることで手持ちのデータから傾向スコア $P(X)$ を推定できます。このとき多くの場合でロジスティック回帰が用いられます。

本書ではロジスティック回帰を用いた方法のみ解説しますが、機械学習の知識がある方には馴染みのある Gradient Boosting Decision Tree などの各種手法を用いることも選択肢として考えることができます。これらの手法のほとんどはその統計的性質の多くがまだ明らかになっていない状態ですが、大量に変数がある状況においても変数の選択や組み合わせについて分析者が悩まなくてよいという利点を持っています。よって、高次元のデータで傾向スコアを推定する際には現実的な選択肢の1つとなります。

ロジスティック回帰は介入変数 Z の値を目的変数とし、以下のような

回帰式となっています。

$$Z_i = \sigma(\beta X_i + u_i)$$
$$\sigma(x) = \frac{1}{(1 + e^{-x})}$$
$$\hat{P}(X_i) = \hat{Z}_i = \sigma(\hat{\beta} X_i)$$

　このとき u は誤差項であり、β は推定されるパラメータです。σ はシグモイド関数を表しています。シグモイド関数 $\sigma(x)$ は、x を入力したときに0から1の間の値を出力するような関数で、統計学・機械学習問わず目的変数が0か1の値しかとらないときによく利用されます。通常の回帰分析ではパラメータの値によって目的変数 Y に対する予測値は0以下も1以上の値もとり得てしまいます。しかし、このシグモイド関数の中に回帰式を入れ込むと、パラメータがどのような値をとっても $\hat{Y}$ は0と1の間に収まるようになります。

　本書の扱う範囲の中では、ロジスティック回帰は変数 X と0か1の値しかとらない Y を与えると、$Y = 1$ となる確率を算出するモデルを得る方法という認識で問題ありません。

　ロジスティック回帰を用いた傾向スコアの推定は、Rに標準で備わっているglm()を用いて関数内で自動で行います。glm()はロジスティック回帰を含む一般化線形モデルを推定する機能があります。glm()のfamilyという引数にbinomialを渡すことで、ロジスティック回帰を指定して推定を行います。モデル式の指定などはlm()を用いて回帰分析を行ったときと同様にします。ここではメールマーケティングのデータを利用して、傾向スコアの推定を行います。「1.4.2 RCTデータの集計と有意差検定」でバイアスを発生させる際に利用した、recency、history、channelの3つの変数を入力としています。

(ch3_pscore.Rの抜粋)

```
# (6) 傾向スコアの推定
ps_model <- glm(data = biased_data,
                formula = treatment ~ recency + history + channel,
                family = binomial)
```

ロジスティック回帰によって得られたモデルを利用することで、傾向スコア $\hat{P}(X_i)$ を得ることができます。ここでは予測値として得られる値が重要であって、モデルのパラメータ自体は特に分析に使うことはありません。また、推定されたパラメータの値が直感に即しているかなどの解釈も、効果の分析においては特に質の保証になりません。よって、傾向スコアの推定を行なったモデルに関しては、特に解釈を行う必要はありません。同様の理由により、多重共線性などもやはりここでは重要な問題とは考えません。

3.2　傾向スコアを利用した効果の推定

傾向スコアを用いた分析方法はいくつか提案されています。本書では、得られた傾向スコアを利用してサンプル同士をマッチングさせる傾向スコアマッチングという方法と、傾向スコアをサンプルの重みとして利用する逆確率重み付き推定(Inverse Probability Weight；IPW)と呼ばれる方法を利用して介入変数 Z の効果を推定します。

■ 3.2.1　傾向スコアマッチング

傾向スコアマッチングのアイデア

傾向スコアマッチングのアイデアは非常にシンプルです。介入が行われているグループからサンプルを取り出し、そのサンプルと近い値の傾向スコアを持つサンプルを、介入が行われていないグループからマッチングしてペアにします。そして、ペアの中で目的変数の差を算出し、その平均をとったものを効果の推定値とします(図3.2)。

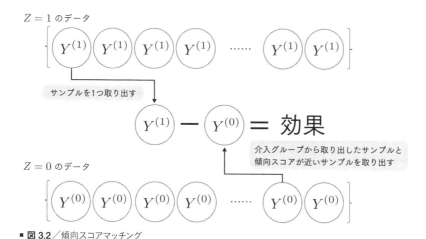

■ 図 3.2／傾向スコアマッチング

　わざわざペアを作る理由は、傾向スコアが同じ値を持つサンプルの中で介入変数 Z は $Y^{(0)}$ とは無関係に決定されていると考えられるため、この中でグループ間の比較をしてもセレクションバイアスの影響を受けないところにあります。よって、マッチングにおいては傾向スコアごとにグループ間を比較し、それらの結果をグループに属しているサンプルの数を重みとした重み付きの平均を算出することで効果を推定しています。このときマッチングは母集団における以下のような効果を推定しているということになります。

$$\hat{\tau}_{match} = E\{E[Y|P(X), Z = 1] - E[Y|P(X), Z = 0]|Z = 1\}$$

　これは介入を受けたサンプルにおける介入効果の期待値で、**ATT**（**Average Treatment effect on Treated**）と呼ばれます。ATT は介入を受けたサンプルにおける効果なので、ATT の推定を行った値は、平均的な効果を推定した値と結果が異なる可能性があります。特に介入群と非介入群で効果量が違うと想定される場合には、この傾向が顕著になります。

　一見すると、マッチングには回帰分析と同じ問題があるように思えますが、この場合では推定された結果が介入を受けたサンプルでの結果だということを事前に知ることができます。

　マッチングを利用した場合にも **ATE**（**Average Treatment effect**）を推

定することは可能です。この場合には上記のように介入グループのみに対してマッチングが行われるのではなく、非介入グループに対しても同様にマッチングを行います。

　マッチングはアイデアのシンプルさとは裏腹に実際の計算時間が長くなります。また、傾向スコアが同一になるサンプルは傾向スコアのモデルに含める変数が多くなると、完全に値が一致するようなケースが実質的に存在しないため、傾向スコアの値が似ているサンプルをペアにする必要があります。

傾向スコアマッチングの簡単な例

　メールの効果を検証するときに、タイプAとBの2種類のユーザがそれぞれ300人ずつ存在する状況を想定します（表3.1）。タイプAのユーザはメールがないときには1,000円の売上が発生し、メールを配信すると1,500円の売上が発生するとします。タイプBのユーザはメールがないときには1,500円の売上でメールがあるときには2,000円の売上が発生します。このときメールをユーザタイプAのうちの100人とタイプBのうちの200人に配信したとします。メールが配信されたユーザにおいては $Y^{(1)}$ が観測され、配信されなかったユーザでは $Y^{(0)}$ が売上として観測されることになります。よって、タイプAのユーザでは $Y^{(1)} = 1500$ の売上が100人ぶん観測され、$Y^{(0)} = 1000$ の売上が200人ぶん観測されることになります。タイプBのユーザでは $Y^{(1)} = 2000$ の売上が200人ぶん観測され、$Y^{(0)} = 1500$ の売上が100人ぶん観測されることになります。

▼表3.1／タイプAとBのメール配信による売上

タイプ	$Y^{(0)}$	$Y^{(1)}$	$sum(Z)$	N
A	1,000	1,500	100	300
B	1,500	2,000	200	300

　このときメールの効果を単純な1人当たりの売上の差で考えると、$Y^{(0)}$ の平均と $Y^{(1)}$ の平均はそれぞれ

$Y^{(0)}$ の平均：

$(1000 \times 200 + 1500 \times 100) \div 300 = 1166.666...$

$Y^{(1)}$ の平均：

$(1500 \times 100 + 2000 \times 200) \div 300 = 1833.333...$

となります。これらの差分をとると $1833 - 1166 = 666$ となります。

　AとBどちらのユーザタイプでも効果が500円であることから、単純な集計による分析ではセレクションバイアスの影響を受けて効果が過剰に算出されていることが分かります。

　次にマッチングを利用することを考えます。このようなユーザタイプのみで Z の割り当てが変わるようなデータによって傾向スコアを推定した場合、傾向スコアはタイプごとに推定されることになります。その結果マッチングはそれぞれのタイプの中だけで行われます。

　1対1でマッチさせる場合には、人数の少ない方のグループの人数に合わせた数だけマッチングされます。よってここではタイプAではメールが配信された100人に合わせて100組のペアが作られ、タイプBではメールが配信されなかった100人に合わせて100組のペアが作られます。

　この例においてはタイプ内での売上は一律なので、タイプAでのペアの売上の差は $1500 - 1000 = 500$ となり、タイプBにおいても同様に $2000 - 1500 = 500$ となり、それらの平均をとるとメールの効果は500円分ということになります。これにより、傾向スコアの値ごとに差を算出してから平均をとるというマッチングの方法がセレクションバイアスの影響を減らすことが分かりました。

MatchItパッケージを用いた分析例

　次はRで傾向スコアを利用したマッチングを実際に実行してみましょう。Rの傾向スコアマッチングのライブラリであるMatchItパッケージはシンプルな実行コードで傾向スコアを使ったマッチングの結果を得ることができます。

　実際にはライブラリで提供されている matchit() で実行します。この関数は傾向スコアのモデル式（formura）、分析したいデータ（data）、マッチング

の方法 (method) を指定することで、マッチングを行います。そして、match.data() を使うことでマッチングが行われたあとのデータフレームを手に入れることが可能です。あとはそのデータにて、平均の差を求めることで効果を推定できます。

MatchIt パッケージは install.packages("MatchIt") によってインストールできます。

(ch3_pscore.Rの抜粋)

```r
# (7) 傾向スコアマッチング
## ライブラリの読み込み
library("MatchIt")

## 傾向スコアを利用したマッチング
m_near <- matchit(formula = treatment ~ recency + history + channel,
                  data = biased_data,
                  method = "nearest",
                  replace = TRUE)

## マッチング後のデータを作成
matched_data <- match.data(m_near)

## マッチング後のデータで効果の推定
PSM_result <- matched_data %>%
  lm(spend ~ treatment, data = .) %>%
  tidy()
```

matchit() では基本的に ATT の推定が行われます。matchit を使った ATE の推定方法に関しては MatchIt のドキュメントを参照すると良いでしょう[1]。手に入れたデータの平均の差の推定に介入変数のみを含む回帰分析を行うことで、回帰分析のときと同様に結果を解釈できます。

```r
> PSM_result
# A tibble: 2 x 5
  term         estimate std.error statistic  p.value
  <chr>           <dbl>     <dbl>     <dbl>    <dbl>
```

---

[1] https://r.iq.harvard.edu/docs/matchit/2.4-20/matchit.pdf

```
1 (Intercept)    0.639    0.184    3.48 0.000501
2 treatment      0.888    0.223    3.99 0.0000674
```

　estimateは推定されたATTの結果を表しており、標準誤差やt値やp値もそれぞれレポートされています。ここでは効果量の推定結果は0.888となっているため、メールによる介入で平均的に\$0.888程度の売上の増加が起きたものと考えられます。

■ 3.2.2　逆確率重み付き推定

IPWのアイデア

　傾向スコアマッチングは、セレクションバイアスがなくなるようなサンプルのペアでそれぞれの効果を算出して平均するという方法でした。それに対し、**逆確率重み付き推定**（**Inverse Probability Weighting；IPW**）は傾向スコアをサンプルの重みとして利用して、与えられたデータ全体での介入を受けた場合の結果の期待値（ $E[Y^{(1)}]$ ）と、介入を受けなかった場合の結果の期待値（ $E[Y^{(0)}]$ ）を推定します。そしてそのあとにこれらの期待値の差分をとることで効果を推定します（図3.3）。

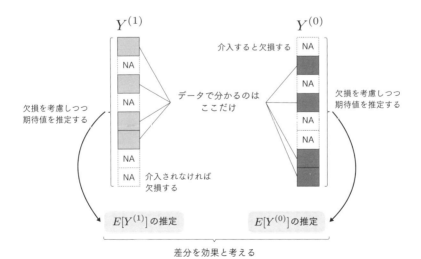

■ **図 3.3**／IPWのイメージ

101

　1章で説明した通り、1つのサンプルでは $Z=1$ か $Z=0$ のどちらかの状態しか観測できません。よって、$Y^{(1)}$ は $Z=1$ となるサンプルのみにおいて観測され、$Y^{(0)}$ は $Z=0$ となるサンプルのみにおいて観測されます。このため $Y^{(1)}$ も $Y^{(0)}$ も、得られたデータのすべてのサンプルでは観測できていません。

　このとき単純に手持ちのデータで平均をとると、それらは $E[Y^{(1)}|Z=1]$ と $E[Y^{(0)}|Z=0]$ の推定値となってしまいます。1章で見たようにその差分を使って効果の推定を行うと、セレクションバイアスの影響を受けるという問題があります。

　まずIPWにおけるセレクションバイアスのとらえ方を見ていきましょう。Z の割り振りが確率的に行われている場合、ある特徴量 X を持つサンプルは傾向スコア $P(X)$ に従って $Z=1$ となります。ここで $P(X)=0.7$ となるようなサンプルを集めたとすると、そのうちの70%は $Z=1$ として観測され、残りの30%は $Z=0$ として観測されていることになります。つまり、$Z=1$ となったサンプルはデータセット全体の中で $P(X)$ が高い値のサンプルばかりとなり、$Z=0$ となったサンプルではデータセット全体の中で $1-P(X)$ が高い値のサンプルばかりとなっています。

　よって、$Z=1$ となったサンプルで $E[Y^{(1)}]$ を推定するために $Y^{(1)}$ の平均を計算すると、$\hat{P}(X_i)$ が小さいサンプルはデータとしてほとんど含まれないということになってしまいます。IPWにおけるセレクションバイアスのとらえ方は、このような介入グループと非介入グループにおける $P(X)$ の偏りに基づいたものです。

　このとき、仮に $\hat{P}(X_i)$ と $Y^{(1)}$ に正の相関があるとすると、$Y^{(1)}$ が小さいデータほど $Z=1$ のデータには含まれないことになります。結果的に $Z=1$ となったデータで平均を算出すると本来知りたい期待値である $E[Y^{(1)}]$ よりも大きい値が推定されることになり、$Z=0$ となったデータでは逆に $E[Y^{(0)}]$ よりも小さい値が推定されます。結果的に推定される効果は本来よりも大きなものとなってしまいます。

　IPWはこのような問題に対して、以下のようにして重み付きの平均を求めることで対処しています。

$$\bar{Y}^{(1)} = \sum_{i=1}^{N} \frac{Z_i Y_i}{\hat{P}(X_i)} \Big/ \sum_{i=1}^{N} \frac{Z_i}{\hat{P}(X_i)}$$

これは平均をとる際に確率 $\hat{P}(X)$ の逆数を重みにしている状態です。$\frac{1}{\hat{P}(X)}$ は $\hat{P}(X)$ が小さくなるほど大きくなるため、サンプルが含まれないぶん重みを増してくれていることになります。

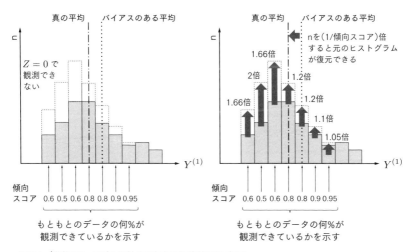

■ **図 3.4** ／逆数によって重みを付けて本来の期待値に近づける

　図3.4は $Y^{(1)}$ の期待値を算出する際に大まかに何がされているかを描いています。

　左右どちらもヒストグラムになっており、横軸が $Y^{(1)}$ の値で縦軸がその値を持つサンプルの数を表しています。点線で囲んだ部分は、仮に $Z = 0$ となっているデータでも $Y^{(1)}$ が観測できた場合にどこに加算されるのかを示しています。色のついた部分は $Z = 1$ となったデータでのヒストグラムです。$Y^{(1)}$ の値が小さいところでは、$Z = 0$ として観測されているサンプルが多いため、平均を単純に算出した場合では、本来の期待値よりも大きめの値が推定されることになります。

　IPWでは傾向スコアの値を利用して観測されたサンプルサイズを水増しします。これによって、$Z = 0$ となることが原因で比較的観測されづ

らい、$Y^{(1)}$ の値が小さなサンプルが増やされるため、算出される平均が本来の期待値へと近づきます。

$Y^{(0)}$ の期待値の推定を行うには、確率 $1 - \hat{P}(X)$ の逆数を重みに利用します。

$$\bar{Y}^{(0)} = \sum_{i=1}^{N} \frac{(1 - Z_i)Y_i}{1 - \hat{P}(X_i)} / \sum_{i=1}^{N} \frac{(1 - Z_i)}{1 - \hat{P}(X_i)}$$

それぞれの期待値が推定できたらあとは差分を算出することで効果の推定値を得ることができます。

$$\hat{\tau}_{IPW} = \bar{Y}^{(1)} - \bar{Y}^{(0)}$$

IPWは先に $E[Y^{(1)}]$ と $E[Y^{(0)}]$ を推定しています。そして、その推定結果の差分をとって効果を推定しているので、データ全体での平均的な効果を推定していることになっています。これはATE (Average Treatment Effect) の推定を行っていることになります。このため、「2.4.5 パラメータの計算」で説明したような介入の効果がサンプルによって異なるような場合においても、それを考慮した平均的な効果が推定されることになります。

IPWの簡単な例

表3.2のようなマッチングの解説と同じ例を用いて、IPWを試してみましょう。

▼ **表3.2**／タイプAとBのメール配信による売上（再掲）

タイプ	$Y^{(0)}$	$Y^{(1)}$	$sum(Z)$	N
A	1,000	1,500	100	300
B	1,500	2,000	200	300

タイプAのユーザは合計300人で、そのうち100人がメールを配信されています。よって、タイプAのユーザにメールが配信される確率 $P(A)$ は100 ÷ 300 = 33.3%ということになります。同様にタイプBのユーザにメールが配信される確率 $P(B)$ は200 ÷ 300 = 66.6%ということになりま

す。この確率を使って重み付け平均を Z の値ごとに算出し、その差を計算して効果の推定値を得ます。

$$\hat{\tau}_{IPW} = \sum_{i=1}^{N} \frac{Y^{(1)}Z}{\hat{P}(A)} / \sum_{i=1}^{N} \frac{Z}{\hat{P}(A)} - \sum_{i=1}^{N} \frac{Y^{(0)}(1-Z)}{1-\hat{P}(A)} / \sum_{i=1}^{N} \frac{1-Z}{1-\hat{P}(A)}$$

$$\bar{Y}^{(1)} = (\frac{1500}{1/3} \times 100 + \frac{2000}{2/3} \times 200)/(\frac{100}{1/3} + \frac{200}{2/3}) = 1750$$

$$\bar{Y}^{(0)} = (\frac{1000}{2/3} \times 200 + \frac{1500}{1/3} \times 100)/(\frac{200}{2/3} + \frac{100}{1/3}) = 1250$$

$$\hat{\tau}_{IPW} = 1750 - 1250 = 500$$

この結果、重みを導入した平均の差は500になり、セレクションバイアスの影響がない正しいメールの効果を得ることができました。

この例においては、X が1種類であることに加え、とり得る値がA、Bのユーザタイプの2つしかないという非常にシンプルで扱いやすい状態でした。しかし、実際のケースでは共変量 X はユーザタイプのみに留まらず、さまざまな変数が利用されることが想定され、共変量の値の組み合わせごとに配信された確率 $P(X)$ を得るためにロジスティック回帰のようなモデルを利用して傾向スコアとして利用しなくてはなりません。

WeightItパッケージを用いた分析例

ここではWeightItパッケージを用いてIPWを利用した効果推定を行います。まず最初にweightit()によって、傾向スコアを用いたサンプルの重みを算出します。weightit()は次の4つの引数を入力することで、傾向スコアを用いたサンプルの重みを算出してくれます。

- 傾向スコアのモデル：formula
- データ：data
- 傾向スコアの推定方法：method
- 推定したい効果の種類：estimand

その結果、次の平均の差の推定において各サンプルにどの程度の重みを付けるべきかを出力してくれます。WeightItはinstall.packages("WeightIt")でインストールできます。

次にlm()を使って回帰分析による平均の差の推定を行います。このとき各サンプルの重みを指定するweightsに先ほど入手した傾向スコアを利用した重みをweighting$weightsとして入力します。

(ch3_pscore.Rの抜粋)

```
# (8) 逆確率重み付き推定(IPW)
## ライブラリの読み込み
library("WeightIt")

## 重みの推定
weighting <- weightit(formula = treatment ~ recency + history + channel,
                data = biased_data,
                method = "ps",
                estimand = "ATE")

## 重み付きデータでの効果の推定
IPW_result <-    lm(data = biased_data,
                    formula = spend ~ treatment,
                    weights = weighting$weights) %>%
                tidy()


> IPW_result
# A tibble: 2 x 5
  term          estimate std.error statistic   p.value
  <chr>            <dbl>     <dbl>     <dbl>     <dbl>
1 (Intercept)      0.580     0.116      4.99 0.000000601
2 treatment        0.870     0.165      5.27 0.000000136
```

ここにおいても最後はlm()を利用しているため、回帰分析と同様に結果を解釈することができます。

Interceptの結果は $E[Y^{(0)}]$ の推定値となり、treatmentの結果は $E[Y^{(1)}] - E[Y^{(0)}]$ の推定値となります。よって、treatmentの結果を解釈すると、メールによる介入は\$0.87程度の売上を向上させる効果があっ

たものと考えられます。

■ 3.2.3　より良い傾向スコアとは

　傾向スコアは回帰分析と同様に、どのように推定してもセレクションバイアスを消し去ってくれるような便利な道具ではありません。ここでは傾向スコアの質について議論し、より良い傾向スコアを手にするために何をする必要があるのかを整理します。

　傾向スコアはデータに対する説明力が一定を超えることが重要であるという解釈がされ、c統計量[*2]のような指標が一定の値を上回ることが望ましいとされていました。しかし、近年では傾向スコアを利用して重み付けかマッチングを行ったあとのデータにおいて、共変量のバランスがとれているかが重要であるという見解が一般的になってきています（Stuart, 2010）。

共変量のバランス

　多くの場合共変量のバランスがとれているかを確認するために、共変量の平均が近い値であるかを確認します。マッチングの場合にはマッチングの結果得られたデータで比較を行い、IPWの場合には重み付けを行ったデータの中での比較を行います。

　ここでは共変量のバランスを可視化してくれるcobaltパッケージのlove.plot()を使って、共変量のバランスについて確認します。cobaltパッケージはinstall.packages("cobalt")によってインストールできます。

（ch3_lalonde.Rの抜粋）

```
# (9) 共変量のバランスを確認
## ライブラリの読み込み
library("cobalt")

## マッチングしたデータでの共変量のバランス
love.plot(m_near,
```

[*2]　推定された確率値の順序が正しいかを評価する指標。機械学習におけるAUROCのこと。

```
threshold = .1)
```

```
## 重み付きデータでの共変量のバランス
love.plot(weighting,
          threshold = .1)
```

　ここでは例として、傾向スコアマッチング後のデータでのバランスを見てみましょう（図3.5）。

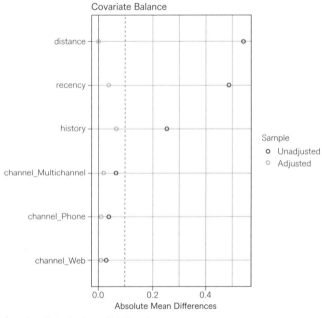

■ **図3.5**／マッチングしたデータでの共変量のバランス

　love.plotは横軸にそれぞれの共変量の標準化平均差の絶対値を表示し、縦軸に共変量の種類をとっています。

　標準化平均差（**Average Standardized Absolute Mean distance；ASAM**）とは、平均の差をその標準誤差で割った値です。これにより、横軸の値を確認することで、介入を受けたグループと介入を受けていないグループとで、各変数の平均にどの程度の差があるか分かります。ここでの結果を確

認すると、調整前（Unadjusted）と調整後（Adjusted）の2種類が表示されています。

調整前は傾向スコアマッチングやIPWによるデータの調整が行われる前での共変量のバランスを表しています。よって、この結果では平均に差があることが想定されます。一方で調整後では、傾向スコアによって共変量のバランスがとれている状態を期待するため、平均に差がないことが望ましいということになります。つまり、このグラフ上では調整後の結果がすべて左端に並ぶような状態が理想的であると言えます。多くの場合では、ASAMが0.1以下（グラフ左側にある点線よりも左）である場合には十分に共変量のバランスがとれていると考えられています。

このグラフでは、調整前の平均の差は大きく乖離しているものの、調整後にはその差がかなり小さくなっていることが分かります。よって、複数の傾向スコアを推定するモデルが想定されるような場合には、共変量のバランスがとれているかを確認し、より平均差が小さい方法を選択するべきということになります。

■ 3.2.4 傾向スコアと回帰分析の比較

介入の効果の分析において、傾向スコアは共変量の影響を取り除くという点で、2章で解説した回帰分析と役割としてはほぼ同じです。これにより、どちらを使うべきかという疑問が多くの場合生まれます。

回帰分析は非常に手軽で取り組みやすいというメリットがある反面、目的変数 Y と共変量 X の関係について入念にモデリングを行わなければならないというデメリットがあります。仮に共変量の2乗をモデルに入れる必要がある場合にそれを脱落させると、効果の推定値にはOVBの影響が存在することになります。これは逆にモデルの設定を正しくできる場合には標準誤差が小さくなるというメリットがあります。このほかにもOVBのような直感的に分かりやすいバイアスの評価や、Sensitivity Analysisといった分析上のツールも用意されている点は、分析を簡単に実行できるというメリットと合わせて魅力的です。

これに対して傾向スコアを用いた分析は、Y に対するモデリングを行

わなくて済む上に、より情報を入手しやすい Z の決定方法に関する調査やヒアリングを行うだけで良いという実用上のメリットがあります。よって、Y の値がどのようなしくみで決まるかに関して豊富な情報を持つ場合には回帰分析を使うメリットが大きくなりますが、Y に関する情報があまりない場合には傾向スコアを用いる方が望ましいということになります。また、傾向スコアを用いたマッチングは計算時間がかかるため、「2.3 回帰分析を利用した探索的な効果検証」で見たような私立学校の割引券の効果分析のように大量の分析を行うことにはあまり向いていません。

2つの分析方法の比較については星野 (2009) により詳細な解説と議論があるので、詳細を知りたい方はそちらを参照してしてください。またbroomのようなパッケージにより、多くの回帰分析を一度に行いその結果を分かりやすく保存する方法が整理されているため、近年では無理に選ばずとも両方を実行して結果を比較するといったことも現実的な選択肢になっています。

■ 3.2.5　マッチングとIPWの差

傾向スコアを利用した効果の推定は、多くの場合マッチングとIPWの結果は一致しません。また同時に回帰分析の結果とも一致することは稀です。この大きな理由はそれぞれの分析が推定しようとしてるものが違うという点に理由があります。

マッチングでATTの推定を行う場合、$Z = 1$ となるそれぞれのサンプルに対してそれに似ている $Z = 0$ のサンプルが選ばれてマッチングされます。このとき $Z = 0$ のサンプルの中でマッチングされなかったものについては捨てられることになります。よって、マッチングの結果として残るデータは、元のデータで $Z = 1$ になるような性質を持ったデータに絞り込まれます。よって、このデータから得られる効果の推定結果は、$Z = 1$ となるようなサンプルにおける平均的な効果ということになります。

一方でIPWは傾向スコアの逆数を重みとして、得られたすべてのデータにおける $Y^{(0)}$ と $Y^{(1)}$ の期待値を推定します。これは Z の値にかかわらずすべてのデータで仮にRCTをしていたらどのような結果だったのかを推定

していることに等しくなり、つまりはATEを推定していることになります[*3]。

よって、得られる効果はすべてのデータでの平均的な効果ということになります。つまり、$Z = 1$となるようなデータにおける効果が、すべてのデータにおける効果と同一になるような状況でなければ、これら2つの方法による結果は根本的に一致しないということになります。

ビジネスにおいて因果推論を導入する場合、その結果が実験で得られるものと十分近くなることを示す必要があるケースが存在します。このとき実験がどのようなサンプルで行われているか？　因果推論の分析で扱うデータが実験のサンプルと似通っているか？　という点に対して配慮せずに分析結果を比較した場合、その結果は実験結果のものとは乖離することになります。このような乖離がある場合には因果推論の結果が何か信用に足らない状態にあると結論が出されます。しかし実際には、上記のようなそれぞれの分析手法が推定を試みている効果が、実験で推定している効果とはそもそも定義が異なるという可能性があるので注意しましょう。この点については本章の最後のlalondeデータセットの分析においてもう一度ふれることになります。

3.3 機械学習を利用したメールマーケティング施策の効果推定

機械学習や人工知能が導入されて意思決定を自動化している場所では、入手できるデータに介入の割り振り確率、つまりは傾向スコアそのものがログデータに残されていることがあります。この場合、データに記録されている傾向スコアを利用して分析を行うモチベーションが非常に強くなります。傾向スコアのログデータが入手できなくても、Zを決定するしくみの正確な情報は仕様書や情報共有の場に残されていることがあります。このような場合も、傾向スコアのモデリングを正確に行えることから、傾向スコアを用いた分析のモチベーションが大きく向上します。

[*3]　ATT を推定するための重みを算出する方法も提案されています。(Hirano et al. 2003)

　ここではメールマーケティングのデータを用いて、仮想的にロジスティック回帰を利用してメールを配信したデータを作り、メールが売上に与えた効果を推定します。本書ではロジスティック回帰を利用していますが、実際にはより複雑な機械学習モデルが使われていたとしても分析に大きな差はありません。

■ 3.3.1　データの作成

　まずはモデルを利用したメール配信で得られるデータを作成します。このプロセスは分析のためのデータを作る過程であるため、実際に分析を行う際には特に必要としません。

　最初にメールマーケティングのデータをランダムに2つに分割し、この2つのデータをそれぞれ未来のデータ（male_df_test）と過去のデータ（male_df_train）とします。モデルの学習データを作成するため、過去のデータの中からメールが配信されていないデータのみを取り出し、ロジスティック回帰で売上が発生する確率を予測するモデルを学習します。Rでは以下のようにします。

（ch3_pscore.Rの抜粋）

```r
# (10) 統計モデルを用いたメールの配信ログの分析
## 学習データと配信ログを作るデータに分割
set.seed(1)

train_flag <- sample(NROW(male_df), NROW(male_df)/2, replace = FALSE)

male_df_train <- male_df[train_flag,] %>%
  filter(treatment == 0)

male_df_test <- male_df[-train_flag,]

## 売上が発生する確率を予測するモデルの作成
predict_model <- glm(
  data = male_df_train,
  formula = conversion ~ recency + history_segment + channel + zip_code,
  family = binomial)
```

　ここで得られたモデルはメールが配信されていないデータで学習されているため、メールが配信されていない場合に売上が発生する確率を予測します。このモデルを使って、未来のデータに対して売上の発生確率の予測値を算出します。

　次に予測値のパーセントランクを、percent_rank() を利用して算出し、すべてのサンプルの予測値の大きさが下から何%にあたるのかを算出します。この結果すべてのサンプルは予測値の大きさとその順位に基づいて、0〜100%の間の値が割り振られていることになります。

　次に、仮想的にその確率に従ってメールの配信対象をランダムに決めます。例えば、パーセントランクの値が99%となるサンプルは、99%の確率でメールが配信されます。このようなサンプルは予測値の大きさが下から99%にあたるため、言い換えれば予測値の大きさが上位1%になるようなサンプルということになります。

　ここでは算出されたパーセントランクの値を介入が起きる確率として、介入を割り振ります。ここでは二項分布に従った乱数を生成する関数rbinom() にパーセントランクの値を入力して実行します。この結果、1が割り振られた場合にはメールの配信対象だったとして扱い、0だった場合にはメールの配信対象ではなかったとして扱います。

　最後に未来のデータにおいて、実際に介入が行われていたデータの中から、上記のプロセスで配信対象となったサンプルのみを残してそれ以外を削除します。また同様に、実際に介入が行われていないデータの中から、同じプロセスで配信対象とならなかったサンプルのみを残してそれ以外を削除します。これらの操作は filter() を用いて行われます。

(ch3_pscore.Rの抜粋)

```
## 売上の発生確率からメールの配信確率を決定
pred_cv <- predict(predict_model,
                   newdata = male_df_test,
                   type = "response")
pred_cv_rank <- percent_rank(pred_cv)

## 配信確率をもとにメールの配信を決定
```

```
mail_assign <  sapply(prcd_cv_rank, rbinom, n = 1, size = 1)

## 配信ログを作成
ml_male_df <- male_df_test %>%
  mutate(mail_assign = mail_assign,
         ps = pred_cv_rank) %>%
  filter( (treatment == 1 & mail_assign == 1) |
          (treatment == 0 & mail_assign == 0) )
```

　これによって得られたデータは、メール配信されていない時期のデータに基づいて売上を発生させそうなユーザを予測し、そのようなユーザに重点的にメールを配信した結果になっています（図3.6）。

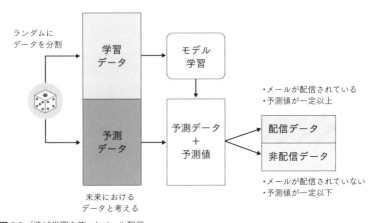

■ 図3.6／機械学習を使ったメール配信

　すでにセレクションバイアスの概要を理解した方には、この介入の決定方法が過剰な評価を生み出すことは察しがつくかもしれませんが、多くのビジネスの現場ではこのような介入の割り振りが"データサイエンスプロジェクト"の結果として行われています。

■ 3.3.2　RCTと平均の比較

　まずは未来のデータにおいてランダムにメールを配信した場合に得られる分析結果を見てみましょう。これはmale_df_testにlm()を使って介入

変数のみで回帰を行った結果です。

(ch3_pscore.Rの抜粋)

```
## 実験をしていた場合の平均の差を確認
rct_male_lm <- lm(data = male_df_test, formula = spend ~ treatment) %>%
  tidy()
```

```
>rct_male_lm
# A tibble: 2 x 5
  term          estimate std.error statistic p.value
  <chr>            <dbl>     <dbl>     <dbl>    <dbl>
1 (Intercept)      0.678     0.154      4.41 0.0000103
2 treatment        0.897     0.218      4.11 0.0000393
```

　treatmentのパラメータの値は0.897となっているため、RCTを行っていた場合にはおおよそ\$0.89の売上増加の効果が期待されます。ここでは、傾向スコアを用いた分析が0.89にどの程度近い結果を得ることができるのかを見ていきます。

　セレクションバイアスの影響を受けていると考えられる平均の比較を行います。ml_male_dfにおいてlm()を使って介入変数のみで回帰を行った結果です。

(ch3_pscore.Rの抜粋)

```
## 平均の比較
ml_male_lm <- lm(data = ml_male_df, formula = spend ~ treatment) %>%
  tidy()
```

```
> ml_male_lm
# A tibble: 2 x 5
  term          estimate std.error statistic p.value
  <chr>            <dbl>     <dbl>     <dbl>    <dbl>
1 (Intercept)      0.576     0.234      2.46 1.39e-2
2 treatment        1.35      0.333      4.04 5.43e-5
```

　推定された効果量は1.35となっており、先ほど確認したRCTの結果からは大きく上振れていることが分かります。これは先述の通り、モデルを

利用した配信によってメールが売上をもともと発生させやすいユーザに偏って配信され、その結果として推定値にセレクションバイアスの影響が発生したものと考えられます。

■ 3.3.3 傾向スコアを用いた分析

次に傾向スコアマッチングを利用した推定結果を見てみましょう。ここでの傾向スコアは推定を行わずに、データに残っているパーセントランクの値を利用しています。ここではすでにある傾向スコアを利用してマッチングを行います。このためここではMatchingパッケージのMatch()を利用します。

Match()は次の引数に渡すことで、傾向スコアでマッチしたデータによって目的変数に対する介入変数の効果を推定してくれます。

- 目的変数：Y
- 介入変数：Tr
- 傾向スコアのデータ：X

Matchingパッケージはinstall.packages("Matching") によってインストールできます。

(ch3_pscore.Rの抜粋)

```
library(Matching)
PSM_result <- Match(Y = ml_male_df$spend,
                    Tr = ml_male_df$treatment,
                    X = ml_male_df$ps,
                    estimand = "ATT")
```

```
> ## 推定結果の表示
> summary(PSM_result)

Estimate...  1.1727
AI SE......  0.86785
```

```
T-stat.....  1.3513
p.val......  0.1766

Original number of observations..............  10660
Original number of treated obs...............  5272
Matched number of observations...............  5272
Matched number of observations  (unweighted).  79069
```

　Estimateは推定されたATTの結果を表しており、標準誤差やt値やp
値もそれぞれレポートされています。ここでは効果量の推定結果は
1.1727となっているため、メールによる介入で平均的に$1.17程度の売上
の増加が起きたものと考えられます。しかし、p値が0.17となっているた
め、メールに効果があるとは言い切れません。

　次にIPWでの結果を見てみましょう。

(ch3_pscore.Rの抜粋)

```
## IPWの推定
W.out <- weightit(treatment ~ recency + history_segment + channel + zip_code,
                  data = ml_male_df,
                  ps = ml_male_df$ps,
                  method = "ps",
                  estimand = "ATE")

## 重み付けしたデータでの共変量のバランスを確認
love.plot(W.out,
          threshold = .1)

## 重み付けしたデータでの効果の分析
IPW_result <- ml_male_df %>%
  lm(data = .,
     spend ~ treatment,
     weights = W.out$weights) %>%
  tidy()


> IPW_result
# A tibble: 2 x 5
```

```
  term          estimate std.error statistic p.value
  <chr>            <dbl>     <dbl>     <dbl>    <dbl>
1 (Intercept)      0.638     0.208      3.07 0.00217
2 treatment        0.816     0.296      2.76 0.00583
```

　IPWの結果は0.816と確認できます。傾向スコアマッチングと近い結果
となり、統計的に有意となっています。また、この分析結果は最初に確認
したRCTを行っていた場合の分析結果とも近くなっていることが確認で
きます。

　このようにしてメールによる介入の効果をある程度RCTの値に近い結
果として得ることができました。この例では、メールの配信が購買の予測
に基づいてある程度ランダムに決まるようになっていました。しかし、実
際の分析時には、メール配信の意思決定にランダム性がないことが考えら
れます。例えば予測値が一定以上の値の場合にはメールが配信されるが、
一定以下の場合には配信されないといったような状況です。この場合では
傾向スコアは常に1か0の値をとっていることになるため、本章で紹介し
た方法では分析ができません。そのような状況においては、5章で紹介す
る**回帰不連続デザイン**（**Regression Discontinuity Design**；**RDD**）を利用
してみましょう。

3.4　LaLondeデータセットの分析

■ 3.4.1　導入

　1章でRCTの結果が最も信頼できる分析だということを説明しました。
そしてRCTができないような場合に、信頼できる分析結果を得たいとい
うのが因果推論を用いるモチベーションでした。では実際に、RCTによ
る実験結果を因果推論の方法を使って再現することは、どの程度できるの
でしょうか？ LaLonde (1986)は、NSW (National Supported Work)と呼

ばれる1970年代に行われた実験のデータを利用して、計量経済学で用いられる方法がどの程度実験の結果に近づけるのか検証を行いました。

NSWは労働市場へ参加できないような人々に、カウンセリングと9〜18カ月の短期的な就労経験を与えることで就職を助ける試みです。多くの職業訓練と違い、NSWは条件を満たす希望者からランダムに選択した人に対して上記の介入を行いました。LaLonde（1986）は計量経済学で利用される手法を評価するために、NSWの実験で得たデータの非介入グループを削除し、実験の外で得られたCPS（Current Population Survey）という調査データを代わりに挿入したデータセットを作成しました（図3.7）。これによりNSWにおけるRCTの分析結果を知りつつも、CPSによってセレクションバイアスが発生しているデータを作りました。もし回帰分析や傾向スコアを用いた分析がうまく機能するのであれば、セレクションバイアスを持つCPSのデータから、NSWにおけるRCTの結果に近い分析結果を得ることができるはずです。

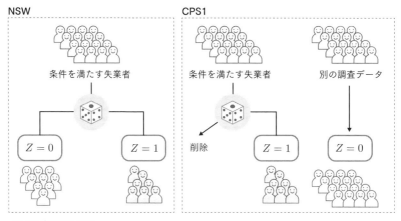

■ 図 3.7 ／ NSW と CPS

しかしこのデータセットで回帰分析を行なった結果、NSWの実験で得られた結果とは大きく異なる分析結果が得られたため、さまざまな経済学者によってこのデータセットからNSWの実験結果に近い結果を推定する方法について議論されました。Dehejia and Wahba（2002）らは共変量を

追加することと傾向スコアマッチングを利用することで、より実験の結果に近い分析結果を取得できることを示しました。ここではDehejia and Wahba（2002）らの用いたデータを実際にRで分析します。

　データの読み込みと加工は以下のように行います。STATAやSASなどのデータ形式を読み込むためのhavenパッケージを利用して、Dehejia and Wahba（2002）で使われたデータセットを読み込みます。

（ch3_lalond.Rの抜粋）

```
# (1) havenパッケージのインストール
# 初回のみ，tidyverseがインストール済みであれば不要
install.packages("haven")

# (2) ライブラリの読み込み
library("tidyverse")
library("haven")
library("broom")
library("MatchIt")
library("WeightIt")
library("cobalt")

# (3)NBER archiveからデータを読み込む
cps1_data <- read_dta("https://users.nber.org/~rdehejia/data/cps_controls.dta")
cps3_data <- read_dta("https://users.nber.org/~rdehejia/data/cps_controls3.dta")
nswdw_data <- read_dta("https://users.nber.org/~rdehejia/data/nsw_dw.dta")

# (4)データセットの準備
## NSWデータから介入グループだけ取り出してCPS1における介入グループとして扱う
cps1_nsw_data <- nswdw_data %>%
  filter(treat == 1) %>%
  rbind(cps1_data)

## NSWデータから介入グループだけ取り出してCPS3における介入グループとして扱う
cps3_nsw_data <- nswdw_data %>%
  filter(treat == 1) %>%
  rbind(cps3_data)
```

　ここではNSW（nswdw_data）、CPS1（cps1_nsw_data）、CPS3（cps3_nsw_data）という3つのデータがあります。NSWは前述の通り一定の条件を持つ

人を対象に行われたRCTのデータです。一方でCPS1は、NSWの介入が行われたデータと別の調査データを非介入として組み合わせたものです。CPS3はCPS1のデータの非介入のデータの中から特定の条件を満たさないサンプルを除外したものになっています。

■ 3.4.2 RCTによる結果の確認

NSWにおけるRCTの結果を確認します。まずはNSWの実験データで職業訓練の収入に対する効果を推定します。この実験のデータはNSWの希望者からランダムに選んだサンプルに介入が行われたものなので、介入グループと非介入グループは大まかには同じ傾向を持った状態にあります。ここでは以下のようなモデルを仮定した回帰分析を行って効果を推定します。

$$earn_{78,i} = \beta_0 + \beta_1 treatment_i + \beta_2 earn_{74,i} + \beta_3 earn_{75,i}$$
$$+ \beta_4 age_i + \beta_5 education_i + \beta_6 black_i + \beta_7 hispanic_i$$
$$+ \beta_8 nodegree_i + \beta_9 married_i + u_i$$

それぞれの共変量の内容は表3.3のようになっています。

▼ 表3.3／実験データの持つ共変量

変数名	説明
earn	ある年の収入
age	年齢
education	学歴
black,hispanic	人種
nodegree	学位がないか
married	結婚しているか

(ch3_lalond Rの抜粋)

```
# (5) RCT データでの分析
## 共変量付きの回帰分析
nsw_cov <- nswdw_data %>%
  lm(data = .,
    re78 ~ treat + re74 + re75 + age + education + black + hispanic +
    nodegree + married) %>%
  tidy() %>%
  filter(term == "treat")
```

```
> nsw_cov
# A tibble: 1 x 5
  term  estimate std.error statistic p.value
  <chr>    <dbl>     <dbl>     <dbl>   <dbl>
1 treat    1676.      639.      2.62 0.00898
```

　推定された効果量は1676（\$1,676）となり、統計的にも有意な結果となっています。NSWの介入が行われた対象は約\$1,600収入が上昇しているという結果を示し、職業訓練としてある程度の効果があることが分かります。問題はLaLonde（1986）と同様のデータの加工を行なった際に、このような実験の結果を得られるのかにあります。

■ 3.4.3　回帰分析による効果の推定

　次にCPS1のデータセットでの分析を行います。このデータはNSWで介入が行われなかったデータの部分を、別の調査データであるCPSから介入の前々年にあたる1974年の収入が観測されている対象のデータに差し替えたものです。

　この調査データは特に失業者のデータに限定されているわけではないので、失業者への実験のデータであるNSWとは含まれている人の傾向が大きく異なります。NSWで介入が行われたデータを介入グループとし、CPSのデータを非介入グループとして組み合わせると、介入グループと非介入グループの平均的な傾向が異なることになります。このまま平均を

比較した場合、基本的に失業者のデータである介入グループの所得は低く、失業者以外の人からもデータを得ている非介入グループの所得は高くなります。よって単純に平均を比較するとセレクションバイアスの問題が入り込みます。しかし、非介入グループのデータの中には失業している人も含まれているため、介入グループと傾向が同一であるようなサンプルも含まれていると考えられます。つまり、この部分から効果を上手く推定できれば、NSW における実験の結果に近い結果が得られると考えられます。

　このデータにおいても、まず先ほどと同一のモデルを利用した回帰分析を行います。

(ch3_lalond.Rの抜粋)

```
# (6) バイアスのあるデータでの回帰分析
## CPS1の分析結果
cps1_reg <- cps1_nsw_data %>%
  lm(data = .,
     re78 ~ treat + re74 + re75 + age + education + black + hispanic +
     nodegree + married) %>%
  tidy() %>%
  filter(term == "treat")

## CPS3の分析結果
cps3_reg <- cps3_nsw_data %>%
  lm(data = .,
  re78 ~ treat + re74 + re75 + age + education + black + hispanic +
  nodegree + married) %>%
  tidy() %>%
  filter(term == "treat")
```

```
> cps1_reg
# A tibble: 1 x 5
  term   estimate std.error statistic p.value
  <chr>     <dbl>     <dbl>     <dbl>   <dbl>
1 treat      699.      548.      1.28   0.202
```

　非実験データでの分析結果は、収入への効果は 699（$699）となり、推定された効果量は実験における結果の半分以下となった上に、統計的に有意

な結果にもなりませんでした。このデータで実験の結果に近い分析結果を得られなかった理由は、先ほどの説明の通りCPSから持ってきた非介入グループのサンプルが介入グループのサンプルとは傾向が異なるということにあります。

　NSWにおけるサンプルはCPSのサンプルと比較すると、平均的に年齢も収入も低いことが分かっています。これは職業訓練という性質上、その候補になる対象がこのような特徴になりやすいという点に依存しています。つまり、NSWの実験の結果は、比較的若く収入も低いサンプルにおける効果が推定されているということになります。そしてCPSとの分析に話を戻すと、このNSWとCPSにおけるデータの傾向の違いはセレクションバイアスを発生させ、分析の対象となるようなデータセットの分布が、NSWそのものからは変わってしまっていることを意味します。

　CPSを非介入グループとして用いたデータであるCPS1において回帰分析を行った場合、セレクションバイアスはある程度軽減されると考えられますが、推定される効果はNSWとCPSのデータが混ざり合った分布における平均的な効果ということになります。よって、NSWにおいて平均的な効果を推定したRCTの結果と比較した場合、セレクションバイアスがうまく減らせていないというケースも否定できませんが、推定しようとしている効果がそもそも違うということも考えられます。

　CPS3はこのようなそもそも推定しようとしている効果が違うという状況に対応するために、調査において1976年春の時点で雇用されていないと回答しているサンプルに非介入グループを限定したデータセットです（図3.8）。

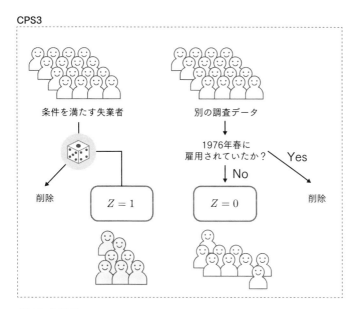

CPS3

条件を満たす失業者　　　別の調査データ

1976年春に
雇用されていたか？　Yes

No

削除　　　$Z = 1$　　　$Z = 0$　　　削除

■ **図 3.8／** CPS3

　このような処理によってCPS内で職業訓練の必要性が低いようなサン
プルが取り除かれ、NSWの傾向に近い状態を作り出しています。この利
用するサンプルを限定した状態で、先ほどと同じ回帰モデルを用いた回帰
分析の結果を確認します。

```
> cps3_reg
# A tibble: 1 x 5
  term  estimate std.error statistic p.value
  <chr>    <dbl>     <dbl>     <dbl>   <dbl>
1 treat    1548.      781.      1.98  0.0480
```

　この結果、推定された効果は1548（$1,548）となり、実験の結果に近く
なりました。しかし、CPS3を作成したルールはアドホックな方法であり、
別のデータを分析する際には都度ルールを考え、そのルールの妥当性につ
いて検討する必要があります。また、場合によっては分析者や意思決定者
が望む結果が出るまでルールを調整し続けることもできてしまいます。

■ 3.4.4 傾向スコアによる効果の推定

　NSWの結果に近い推定結果を得るためには、NSWのデータの傾向に近い状態を作る必要があります。傾向スコアマッチングはこのようなデータにおいて非常に有用な方法です。

　傾向スコアマッチングをこのデータに利用すると、マッチングを通じて介入グループであるNSWのデータに近いサンプルをCPSから抜き出し、マッチしたサンプル間で効果を推定してくれます。つまり、マッチングがCPS3を作成したときのようなデータのフィルタに近い効果を発揮し、結果として得られたもともとの実験のデータに近いデータで効果を推定することにより、実験の結果により近い推定結果を得ることが想定できます。そして何より、この方法は恣意的なルールなどを用いないシステマチックな方法であるため、さまざまなデータセットに対して利用でき、不正も働きにくい方法であると言えます。

　回帰分析と同様の共変量を用いて傾向スコアを推定し、傾向スコアマッチングを行います。

(ch3_lalond.Rの抜粋)

```
# (7) 傾向スコアマッチングによる効果推定
## 傾向スコアを用いたマッチング
m_near <- matchit(treat ~ age + education + black + hispanic + nodegree +
                  married + re74 + re75 + I(re74^2) + I(re75^2),
                  data = cps1_nsw_data,
                  method = "nearest")

## 共変量のバランスを確認
love.plot(m_near,
          threshold = .1)

## マッチング後のデータを作成
matched_data <- match.data(m_near)

## マッチング後のデータで効果の推定
PSM_result_cps1 <- matched_data %>%
  lm(re78 ~ treat, data = .) %>%
```

```
tidy()
```

```
> PSM_result_cps1
# A tibble: 2 x 5
  term          estimate std.error statistic  p.value
  <chr>            <dbl>     <dbl>     <dbl>    <dbl>
1 (Intercept)      4519.      508.      8.89 2.68e-17
2 treat            1830.      719.      2.55 1.13e- 2
```

　傾向スコアマッチングの推定結果は1830 ($1,830) となり実験の結果に近いことが分かります。このときの共変量のバランスは以下のようになり、マッチング後にはうまく共変量のバランスがとれていることが分かります (図3.9)。

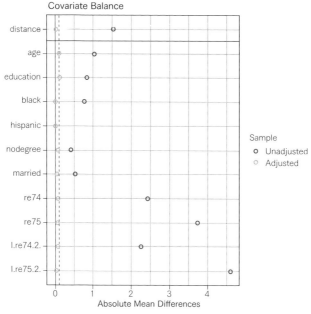

■ 図3.9／マッチングの共変量のバランス

　一方でIPWを用いた場合にはNSWにおける実験の結果ではなく、NSWとCPSが混ざったような状態での実験が再現されます。よって、

NSW での実験結果に近い値は推定されないことが想定されます。

（ch3_lalond.Rの抜粋）

```
# (8) IPWによる効果推定
## 重みの推定
weighting <- weightit(treat ~ age + education + black + hispanic +
                nodegree + married + re74 + re75 + I(re74^2) + I(re75^2),
                data = cps1_nsw_data,
                method = "ps",
                estimand = "ATE")


## 共変量のバランスを確認
love.plot(weighting,
          threshold = .1)

## 重み付きデータでの効果の推定
IPW_result <- cps1_nsw_data %>%
  lm(data = ., formula = re78 ~ treat,
     weights = weighting$weights) %>%
  tidy()


> IPW_result
# A tibble: 2 x 5
  term        estimate std.error statistic p.value
  <chr>          <dbl>     <dbl>     <dbl>   <dbl>
1 (Intercept)  14735.       82.8     178.        0
2 treat        -7627.      135.      -56.5       0
```

　ここでの分析結果は-7627となっており、統計的にも有意です。仮に
NSWの実験の結果を知らず、IPWの分析結果しか見ていなければ、職業
訓練には大きな負の効果があると報告されてしまいそうです。

　介入グループと非介入グループの傾向の違いが大きい場合、IPWの分
析結果は信頼しにくいことが知られています。これは傾向スコアの逆数を
サンプルの重みに利用するという特性上、傾向スコアが非常に小さい値を
とると、そのサンプルの重みが大きくなってしまうことに原因がありま
す。例えば傾向スコアの値が0.01％である場合には、IPWではそのサンプ

ルは10,000倍に水増しされます。このような状況では、傾向スコアの推定に非常に小さな誤差があるだけでも効果の推定結果が大きな影響を受けることになります。

このデータの場合、CPSにしか含まれないようなサンプルの重みが、大きな値をとることになります。そしてそのようなサンプルは、職業訓練を必要としないもともとの収入が安定しているサンプルであるため、$E[Y^{(0)}]$ の推定結果が非常に大きくなり、結果として効果の推定値が大きく負の値になってしまいます[*4]。

このように、介入もしくは非介入のグループにしか存在しないようなサンプルがある場合、傾向スコアは0か1に非常に近い値をとることになり、傾向スコアで分析できる対象を大きく制限することになります。この状況は共変量のバランスを見ることでも確認できます（図3.10）。

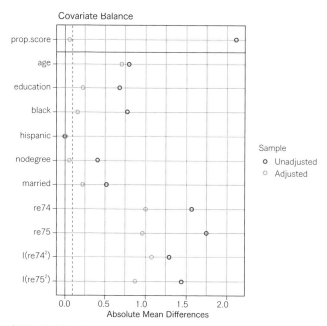

■ 図3.10／IPWの共変量のバランス

---

* 4　このような問題への対策として、傾向スコアが一定以下の場合には上書きするといった propensity score trimming/clipping と呼ばれる方法があります。Lee（2011）

　IPWによる調整を行っても、まだ共変量の平均が大きく乖離している
ことが分かります。このような状況では共変量のずれ、つまりはセレク
ションバイアスが効果の推定に影響を与えてしまいます。

　これらの結果としてLaLonde (1986) が作成したNSWの非実験データで
あるCSP1においては、傾向スコアマッチングが非常に有用な分析方法で
あることが分かってきました。しかしそれは傾向スコアマッチングが単純
に優れた分析方法だからではありません。分析したデータがNSWとCPS
を合わせたものだったのに対して、再現したい結果がNSWにおける実験
という分析の設定が傾向スコアによるATTの推定が適していたというの
がその理由です。

　ここで注意するべき点は、自分が分析するデータがどのようなデータで
あり、推定したい効果がどのようなサンプルにおける効果なのか十分に配
慮されていない場合、どのモデルの結果がより信頼たり得るかを判断する
ことは非常に難しいということです。分析者が分析する対象のデータやそ
れを発生させたプロセスに関して興味関心を持つことが重要です。

参考文献

- LaLonde, Robert J. "Evaluating the econometric evaluations of training programs with experimental data." The American economic review (1986): 604-620.
- Dehejia, Rajeev H., and Sadek Wahba. "Propensity score-matching methods for nonexperimental causal studies." Review of Economics and statistics 84.1 (2002): 151-161.
- 星野崇宏, and 岡田謙介. "傾向スコアを用いた共変量調整による因果効果の推定と臨床医学・疫学・薬学・公衆衛生分野での応用について." 保健医療科学 55.3 (2006): 230-243.
- 「調査観察データの統計科学-因果推論 選択バイアス データ融合」星野崇宏；岩波書店；2009

- Sekhon, Jasjeet S. "Multivariate and propensity score matching software with automated balance optimization: the matching package for R." Journal of Statistical Software, Forthcoming(2008).
- Stuart, Elizabeth A. "Matching methods for causal inference: A review and a look forward." Statistical science: a review journal of the Institute of Mathematical Statistics 25.1 (2010): 1.
- Austin, Peter C. "An introduction to propensity score methods for reducing the effects of confounding in observational studies." Multivariate behavioral research 46.3 (2011): 399-424.
- Hirano, Keisuke, Guido W. Imbens, and Geert Ridder. "Efficient estimation of average treatment effects using the estimated propensity score." Econometrica 71.4 (2003): 1161-1189.
- Greifer, N. "cobalt: Covariate Balance Tables and Plots." R package version 3.7.0. (2019).
- Brookhart, M. Alan, et al. "Variable selection for propensity score models." American journal of epidemiology 163.12 (2006): 1149-1156.
- Lee, Brian K., Justin Lessler, and Elizabeth A. Stuart. "Weight trimming and propensity score weighting." PloS one 6.3 (2011): e18174.

$4_{章}$

差分の差分法（DID）と CausalImpact

本章では、ある時期から介入を始め、その開始時期の前後の比較で効果を考える分析方法を扱います。このような分析方法の代表例としては、回帰分析を応用した分析方法である差分の差分法（Difference In Difference；DID）があります。あるタイミングから介入がスタートする場面はさまざまな状況において発生します。DIDはこのような状況で、介入が行われるグループとそうでないグループの介入が行われる前後の情報を利用して効果を推定する方法です。介入の前後の情報を用いることで、介入が行われた期間のデータでセレクションバイアスを上手く減らせない際にも、よりバイアスの少ない分析結果を得ることを期待できます。本章ではさらにDID拡張にあたるCausalImpactを簡単に解説し、データがより限定されているような状況においても分析を可能にするアイデアを紹介します。

4.1　DID（差分の差分法）

■ 4.1.1　DIDが必要になる状況

　回帰分析と傾向スコアは、介入グループと非介入グループの両方に同じような特徴を持つサンプルが含まれている状況を利用して比較するという方法でした。しかし、実際に得られるデータセットには、介入・非介入のそれぞれのグループに同質なサンプルが存在しないことがよくあります。これは介入の特性によって広範囲に影響を与えるような場合によく発生し、特定の地域における政策や法律の変更などのほかにも、特定の地域で広告を出稿する場合や価格を変更するといったケースでも発生します。

　例えばある都市で条例を変更した場合、その効果は都市内のすべての人に影響を与えることになります。また、ある地域のすべてのスーパーで商品を10%値引きしたとき、その地域の中では値引きしない店舗は存在しません。どちらの場合においても、効果を測る観点では介入を個人や店舗単位にランダムにアサインして実験するRCTが最適な検証方法です。また、2章、3章で見た回帰分析や傾向スコアを前提で考えるのであれば、介入が個人や店舗単位に選択されている状況のデータが必要です。しかし、介入が地域単位でしか決定できない場合、これらの分析方法ではうまく対応できません。

　このように介入を行った地域において非介入グループとなるデータを得られない場合、ほかの地域のデータを非介入グループとして扱うことを考えます。しかし、次節で確認するように、この方法では地域別の効果によるセレクションバイアスが発生することになります。ほかの地域のデータを持ってきてもうまくいかないのであれば、過去との比較を考えることもあります。しかしこの場合においても過去と今の差が介入のみであるという保証がないという問題があります。

　本章の前半で紹介する **DID（Difference in Difference；差分の差分法）** は、介入が行われた地域における介入の前後のデータに加え、ほかの地域の介入の前後のデータを利用することでこれらの問題点を上手く乗り越え

る方法です。DIDは大まかには、介入前後の差分を介入されたグループとされなかったグループでそれぞれ算出し、さらにグループ間でその差をとるという2回の差分をとる方法になっています。この差分の差分をとる手続きがDIDの名前の由来となっています。

興味のある介入が特定の共変量、特に地理的な情報と完全に相関するようなケースは、実店舗やマス広告や行政といった管理運営が地理的な区画ごとに行われる場合によく見られます。経済学においてはある都市での政策の効果を評価したり、テロなどの事象が経済へ与える影響を評価しています。例えばCard (1990) では1980年にボートでマイアミに到着した移民が労働市場にどのような影響を与えるかを分析しています。

Blake et al. (2015) は検索連動型広告の効果を検証するために、eBayにおいてDIDを利用した分析を行っています。通常の無作為化比較試験を行うことができなかったために、Googleでの広告出稿を一部の地域でとりやめるといった疑似的な実験を行いました。その結果として、eBayにとって検索連動型広告の売上に対する効果は限定的であるという分析結果を示しています。

■ 4.1.2　集計による効果検証とその欠点

地域ごとに複数の時期のデータを手に入れた場合、2つの単純な集計による効果の検証がよく行われます。

1つ目は、介入を受けた地域と受けなかった地域で売上を比較するという方法です。しかしこの場合、地域と介入が完全に相関してしまうという問題があります。例えば地域A、B、C、Dがあり、Aのみでスーパーの価格変更の介入を行う状況を考えます。ここでAとB、C、Dの平均を比較するような場合、この差は本来の介入の効果以外にも地域固有の効果も含まれた結果になってしまいます。基本的には介入を行う地域を実験によって選んでいる場合でも、何かしらの意思決定によって選択されている場合でも、この問題は存在することになります。これは仮にデータが店舗ごとに手に入ったとしても同様の問題があります。

　2つ目は、同じ地域の値下げ前と値下げ後の売上データを用意して比較するという方法で、いわゆる**前後比較**と呼ばれるような集計です(図4.1)。前後比較は同一の地域のサンプルで比較しているという点から、地域によるセレクションバイアスが存在しなくなるため、一見正しそうな方法に思えます。しかし、セレクションバイアスはサンプル間だけでなく、同一サンプルのタイミング間においても発生する可能性があります。仮にこの分析で価格変更が行われたあとに売上が変化するといった結果を得られたとしても、価格変更がなくとも同じぶんだけ売上が変化するような状況であれば、この売上の変化は価格によるものではなくほかの要因で自然に変わるということになります。よって、同一サンプルの前後を比較した場合には、その差には本来の効果のほかにも時間を通した自然な変化(トレンド)が含まれてしまいます。

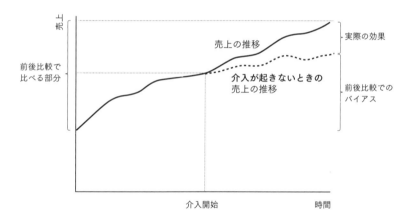

■ **図 4.1**／介入の前後比較

　このように単純な集計を行うだけの分析では、何かしらのバイアスを含む効果が推定されてしまいます。本章で紹介するDIDは、このような問題についての対処を考慮した分析と言えます。

■ 4.1.3　DIDのアイデアを用いた集計分析

では同じ時期のほかの地域との相対比較や、同じ地域別の時点での前後比較においてもバイアスが生まれる場合は、どのように分析を行えば良いのでしょうか？

John Snowというイギリス人医師は、19世紀中ごろにコレラの感染源を探る中でこのような分析の課題に直面し、DIDの基礎となるアイデアで分析を行いました。そのアイデアは介入を受けるグループと受けないグループでそれぞれ前後比較を行い、その結果の差を見るというものです。コレラの感染源が空気にあるのか水源にあるのかを検証していたSnowは、コレラによる死者数の多い地域において水の供給源が変わったことに着目し、水源の変化を介入として分析を試みました。

調査対象となった地域はSouthwark and Vauxhall社とLambeth社という2つの会社によって水が提供されていました。1849年においてはどちらの会社もテムズ川を水源としていましたが、その後1852年にLambeth社はより汚染が少ないと考えられる上流へと水源を移しました。

これによりSouthwark and Vauxhall社によって水が提供されている地域では、1849年も1854年も同じ水源が利用されているものの、Lambeth社によって水が提供されている地域は1854年には別の水源へと変更されている状態になります。よって、もしコレラの感染源が水源にあるのだとすれば、Lambeth社によって水を提供されている地域においてはコレラの死者数は減少するものと考えられます。表4.1はSnow（1855）のTable.12のデータを一部抜粋したものです。

▼ **表 4.1**／水道提供会社別コレラによる死者数

水道を提供する会社	コレラによる死者数 （1849）	コレラによる死者数 （1854）
Southwark and Vauxhall	2,261	2,458
Lambeth	162	37
Southwark and Vauxhall&Lambeth	3,905	2,547

　まずはSouthwark and Vauxhall社の地域のデータに着目します。1849年から1854年にかけてコレラの死者数は増加傾向にあるのが分かります。よって、水源が変化しなかった地域ではコレラが依然猛威を振るっている状況であることが分かりました。一方でLambeth社の地域の推移を見ると、該当する地域の数が少ないことから1849年時点での死者数も162人と少ないですが、1854年時点では37人となっており傾向としては減少傾向にあります。もし水源が変わらずSouthwark and Vauxhall社と同様に死者数が上昇していたのであれば、Lambeth社の地域では水源の変化によって死者数が減少したことになります。また、両方の会社が供給していた地域のデータを見てみます。この地域は一部がLambeth社によって供給されているため、水源に効果があったとしても受ける効果量は限定的であることが想定されます。この地域においてもコレラによる死者数が1849年の3,905人から1854年の2,547人へと大幅に減少しており、水源の変化によって死者を減らす効果があったことを示唆しています。

　よって、もしLambeth社が水源を変更しなかった場合にLambeth社の提供する地域と両方の地域でもSouthwark and Vauxhall社の地域と同様に死者が増加するのであれば、表4.1のデータは水源の変化は死者を減少させたことを示しており、コレラの感染源は水にありそうだという説が有力になります。

　このように非介入グループのデータの変化と、介入グループが仮に介入を受けていなかった場合の変化が一致するだろうという仮定のことを平行トレンド仮定（Common Trend Assumption）と呼びます。これについての詳細は「4.1.6 平行トレンド仮定（Common Trend Assumption）と共変量」で解説します。

　式を使ってこの分析をより明確に記述してみましょう。観測されているそれぞれの死者数は、地域ごとの固有の効果（$Area_i$）と時間による固有の効果（$Time_t$）と水源が変化した効果（τ）で表せると考えます。この場合それぞれのデータは以下のように分解ができると考えます。

$$Y_{1854,treat} = Time_{1854} + Area_{treat} + \tau$$

$$Y_{1849,treat} = Time_{1849} + Area_{treat}$$

$$Y_{1854,control} = Time_{1854} + Area_{control}$$

$$Y_{1849,control} = Time_{1849} + Area_{control}$$

添え字の $treat$、$control$ はそのデータが介入された場合か否かを示しています。$Area_{treat}$、$Area_{control}$ は介入が行われる地域とそうでない地域における時間で変化しない地域ごとの固有の効果を表したものです。例えば水源が変化しない地域と変化する地域の間にある所得格差や地理的な影響などが反映されているものと考えます。$Time_{1849}$、$Time_{1854}$ は地域では変化しない時間の効果を表したものです。イギリス全土での所得向上に起因する健康状態の改善などは、この効果として反映されます。またロンドン全体におけるコレラの蔓延度合いなどもこの効果として反映されます。そして水源の変化という介入の効果は、水源の変化から得られる効果ということになります。τ は介入の効果を表しています。水源は1854年の介入が行われた地域のみで変化しているので、$Y_{1854,treat}$ のみに含まれています。

このような分解を考えたとき、介入の効果 τ は以下のように求めることができます。

$$\tau = (Y_{1854,treat} - Y_{1849,treat}) - (Y_{1854,control} - Y_{1849,control})$$

この計算は2段階になっており、まずそれぞれの地域において前後比較を行ない、次に前後比較の結果を地域間で比較するという構造です。まず最初に前後比較によって時間変化しないような地域別の効果が取り除かれることになります。

$$Y_{1854,treat} - Y_{1849,treat} = Time_{1854} - Time_{1849} + \tau$$

$$Y_{1854,control} - Y_{1849,control} = Time_{1854} - Time_{1849}$$

このとき介入を受けた地域の前後比較に着目すると、時間による効果と水源の効果が混ざった状態となっています。よって、このような前後比較

では死亡率が下がったような結果が得られたとしても、実はロンドン全体での衛生状態の改善といったほかの要因によって死亡率が下がったかもしれない、という疑念が消えないということになります。

次に地域ごとに得られた結果の差を算出します。

$$(Time_{1854} - Time_{1849} + \tau) - (Time_{1854} - Time_{1849}) = \tau$$

この結果、前後比較を比較することで介入の効果を推定できることが分かります。非介入グループの結果が時間の効果の差分そのものであることを利用し、介入グループの時間効果と介入効果が混ざった結果から介入効果だけを抜き出しています。これにより介入効果の推定値を得ることができます。

実際にRで集計した結果を以下のテーブルに示しました。このテーブルのデータはデータセットとして公開されていないため、John Snowの論文からRを用いて直接作成しています。この実装コードはhttps://github.com/ghmagazine/cibook/R/ch4_did.Rで公開しています。

```
> JS_grp_summary
# A tibble: 2 x 6
# Groups:   company, LSV [2]
  company                 LSV year_1849 year_1854   gap gap_rate
  <fct>                 <dbl>    <dbl>    <dbl> <dbl>    <dbl>
1 Southwark and Vauxh~      0     2261     2458   197   0.0871
2 Lambeth & Southwark~      1     3904     2547 -1357  -0.348
```

gapはそれぞれの地域での1849年と1854年での死者の数の差、つまりは前後比較の結果を表しています。gap_rateはgapの結果が1849年の死者に対して何%かを示した値です。非介入グループであるSouthwark and Vauxhall社の地域においてはコレラによる死者が197名増加し、1849年から8.7%死者が増加していることが分かります。この値は時間の効果を示しており、介入が行われなかった場合にどの程度死者が増加したかを表しています。一方で介入グループである両方の会社が水を供給している地域においてはコレラによる死者は1,357名減少し、1849年から死者数が34%減少していることが分かります。よって、この分析の結果による効果量は

それらの差分をとって−1,554若しくは−43％ということになり、水源が変化した地域では死者数が大幅に減少していることが確認されました。

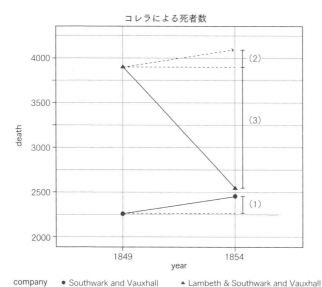

■ **図4.2**／集計による分析の可視化

　図4.2のグラフは、この集計による分析の結果をプロットしたものです。グラフ内の (1) は1849年と1854年の間に非介入グループで起きた死者数の変化の大きさを示しています。「4.1.6 平行トレンド仮定（Common Trend Assumption）と共変量」で後述する平行トレンド仮定が満たされると考えると、介入グループでもし介入が行われていなかった場合には、この値のぶんだけ介入グループの値が変化していたと考えられます。これは (2) に示されています。よって、実際のデータとして観測された差分である (3) と非介入グループの変化である (2) を足し合わせたぶんだけ介入によって変化が起きているものと考えられます。

　さて、ここで−1,554を1849年の死者数で割ると−39％となり、gap-rateから算出した結果とは異なります。このような差は、時間による効果を実際の水準で考えるか比率で考えるかという差にあります。死者数のみで計算した場合、時間による効果はどちらの地域でも197人死者が増加すると

いうことになります。一方、比率で計算した場合は、時間の効果はどちらの地域でも1849年の死者数の8%になります。どちらを選ぶかは、どちらの方が時間の効果をより適正に表しているかという分析者の解釈に依存します。この例の場合においては、2つの地域は中の区域の数も違えば人口も違います。よって時間による死者数の効果は地域間で同じ人数になるとは考えづらく、むしろ比率で表す方が適正だと考えられます。

■ 4.1.4　回帰分析を利用したDID

DIDは回帰分析のフレームワークに当てはめることができます。本項では、John Snowのデータセットに対して回帰分析を利用したDIDによる分析を行います。ここで扱うデータは、通常の回帰分析で扱うものと構造が少し異なります。DIDで扱うデータは、同一の対象から別の期間で得られたもので、DIDの分析自体はエリアの数や期間の長さを特に限定しません。ここでは複数のエリアで1849年、1854年と2回のデータが取得されています。目的変数 Y はコレラによる死者数で、その地域個別の効果とすべての地域の共通する時間変化による効果に分解できると考えます。

最も単純なDIDを行う回帰モデルは以下のようになります。

$$Y_i = \beta_0 + \beta_1 LSV_i + \beta_2 D54_i + \beta_3 LSV_i \times D54_i + u_i$$

このモデルは両方の会社が水を供給している地域であることを表す変数LSVと、1854年のデータであることを表す変数D54とそれらのかけ合わせであるLSV*D54が含まれています。1854年に両方の会社が水を供給する地域で水源が変化しました。よって、$LSV \times D54 = 1$ となる場合に介入が発生していたことになります。よってこの回帰分析においては、$LSV \times D54$ に関するパラメータである β_3 が興味のあるパラメータです。実際にRでこの回帰分析を実行してみましょう。

```
> JS_did
# A tibble: 4 x 5
   term          estimate std.error statistic p.value
```

	<chr>	<dbl>	<dbl>	<dbl>	<dbl>
1	(Intercept)	2261.	NaN	NaN	NaN
2	LSV	1643.	NaN	NaN	NaN
3	D1854	197.	NaN	NaN	NaN
4	LSV:D1854	-1554.	NaN	NaN	NaN

このデータは4サンプルしかないため、パラメータの標準誤差は算出され
ません。興味のあるパラメータであるLSV1:D1854の値は-1554.となってお
り、先ほどの集計の結果と同じであることが分かります。

Snow（1855）のTable.12には水道会社ごとの集計だけでなく、地域ごと
のデータも記載されています。次に集計済みのデータではなく地域別の
データで分析をしてみましょう。このとき各地域の特徴をとらえるために
各地域を示すダミー変数であるareaをモデルに追加します。この操作は
「2.2 回帰分析におけるバイアス」において、共変量をモデルに追加したこ
とと同じ意味を持ちます。以下はareaを追加した回帰分析の結果につい
て、area以外のパラメータを出力しています。これは結果のテーブルを
見やすくする目的に行われた処置ですが、areaについてのパラメータの
推定結果は重要な情報を持たないため大きな問題はありません。

```
> JS_did_area
# A tibble: 4 x 5
  term         estimate std.error statistic   p.value
  <chr>           <dbl>     <dbl>     <dbl>     <dbl>
1 (Intercept)     319.      45.7      6.97  0.000000211
2 LSV            -96.4      64.4     -1.50  0.146
3 D1854           16.4      25.4      0.647 0.523
4 LSV:D1854     -101.       33.6     -3.02  0.00565
```

介入効果を表す β_3 はLSV1:D1854として表示されており、効果量は
-101.です。水源の変化によって各地域で平均100人程度の死者が減少し
たことが示されています。

先ほどの集計の分析においては、時間による効果は比率として表した方
が妥当であるという議論を行いました。回帰分析でも比率として扱うため
に、目的変数の対数をとって回帰分析を行います。この結果は以下のよう

になります。ここでも area は省略されています。

```
> JS_did_area_log
# A tibble: 4 x 5
  term           estimate std.error statistic  p.value
  <chr>             <dbl>     <dbl>     <dbl>    <dbl>
1 (Intercept)       5.74      0.240      24.0  3.02e-19
2 LSV              -0.370     0.338      -1.10  2.83e- 1
3 D1854             0.0739    0.133       0.556 5.83e- 1
4 LSV:D1854        -0.566     0.176      -3.22  3.45e- 3
```

興味のあるパラメータ LSV1:D1854 の値は -0.566 となり、水源が変わった地域において 1854 年におおよそ 56% 死者が減少したことを示しています。

■ 4.1.5　DIDにおける標準誤差

　通常の回帰分析では、大まかには1つの観測対象から1つのデータが得られるという想定をしています。一方で DID の分析は、同一の対象からいくつかの期間において取得したデータを利用します。このような場合、**自己相関（auto-correlation, serial correlation）** と呼ばれる状態を持つデータを得る可能性があります。自己相関とは、ある時点で取得された変数の値がその近辺の時間で取得される同じ変数の値と相関するような状態を示します。

　例えば、あるコンビニエンスストアにおける売上を毎日観測した場合、その店舗近くの人通りや商品の品ぞろえなどは大きく変化しないため、ある日とその前後の日の売上は非常に似た状態になります。つまり、その店舗の売上データは、自己相関を持っている可能性が高いと考えられます。

　このような自己相関を持つデータで回帰分析を行った場合、誤差項の値は同一店舗で似通った値を持つことになります。これは誤差項の分散が小さくなっていることを意味します。回帰分析のパラメータの標準誤差は誤差項の分散を利用するため、結果として標準誤差が過小に算出されてしまいます。よって有意差検定の観点では、統計的に有意な結果が過剰に得られることになります。回帰分析で想定していないデータの構造に対して、回帰分析を強引に利用したために起きる問題です。

　このような場合は**クラスター標準誤差**（**clustered standard error**）と呼ばれる方法を利用して、パラメータの標準誤差を算出する必要があります。クラスター標準誤差はサンプルごとではなく、指定した観測対象ごと（例えば店舗ごと）に誤差を観測していると考えて誤差項を扱います。つまり、ある店舗における売上のデータであれば、毎月の誤差を考えるのではなく、その店舗のすべての観測された期間での誤差を考えます。

　Rにおいてはmiceaddsパッケージの`lm.cluster()`を用いることでクラスター標準誤差を利用した回帰分析を行うことができます。

　DIDにおける標準誤差とクラスター標準誤差に関する議論は、Angrist and Pischke（2014）[*1]やBertrand（2004）を参照すると良いでしょう。

■ 4.1.6　平行トレンド仮定（Common Trend Assumption）と共変量

　本章におけるこれまでの分析では、もしLambeth社が水源を変更しなかった場合に、Lambeth社のみが提供する地域とLambeth社およびSouthwark and Vauxhall社の両方が提供する地域で、同様に死者が増加するといった仮定を置いています。

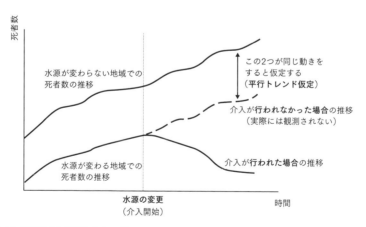

■ 図4.3／平行トレンド仮定のイメージ

＊1　8.2.2 Serial Correlation in Panels and Difference in Difference Models

　このような介入グループと非介入グループの目的変数の時間を通じた変化、いわゆるトレンドが同一であるという仮定は**平行トレンド仮定**（**Common Trend Assumption**）と呼ばれます。これはDIDの分析結果を正しいものと考えるために必要となる重要な仮定です（図4.3）。この仮定が成立しない場合、推定された効果は本来の効果にトレンドの乖離分を加えたものになるため、回帰分析において重要な共変量が脱落した場合に発生するOVBと同様の問題を持つことになります。

　すでにお気づきかもしれませんが、この仮定は実際には観測されることのない結果に対するものです。理想的には介入グループの介入されなかった場合を観測し、非介入グループのトレンドと比較をすることでこの仮定を満たすかを確認したいところです。しかし、これらのトレンドは実際には観測できないため、基本的にはデータを利用した確認はできません。

　介入までの期間がある程度長いデータを分析している場合は、介入までのデータでトレンドが似ているかを確認することで、この仮定が満たされているかを確認できます。しかし、この方法は介入前の期間が複数必要になる上に、多くの場合において明確な傾向を得ることはできません。よって、多くの分析において「平行トレンド仮定が満たされるか？」の判断は、分析者がデータを生み出した地域や現象についてどのような解釈をしているかに依存することになります。

　仮にトレンドが同一ではない場合、2つの対策をとることが可能です。1つは仮定を満たさないと考えられるデータから取り除く方法です。コレラの例のように、地域ごとにデータを得られている場合であれば、介入が行われた地域の近隣の地域を選択することがよくあります。これは暗黙的に広範囲の地域のデータから近隣のみを選択していることになります。しかし地理的もしくは構造的に似ているものを選べば何でも良いわけではなく、それぞれの特殊な事情によってトレンドの乖離が発生していることをよく考える必要があります。また、介入のタイミングより前のデータを使って、トレンドが同一になるようなサンプルを自動的に検出する合成コントロール（Synthetic Control）という方法も提案されています。

　もう1つの対策方法は、共変量としてトレンドの乖離を説明するような変数をモデルに加えるという方法が考えられます。トレンドの乖離はモデ

ルに含まれなかった共変量によるものなので、OVBと同様の問題がある
ことは先述しました。トレンドの乖離を説明するような共変量を導入でき
れば、それによるバイアスを減少させることができます。例えばコレラの
データでは、水源の変化しなかったいくつかの地域において衛生環境が向
上するような施設が建設されると、平行トレンド仮定は満たされなくなり
ます。施設が新設された地域においては死者数が減ると考えられるため、
推定結果である死者数はOVBによって過少になると想定されるからです。
しかし、施設が新設されたといった情報が共変量としてモデルに組み込ま
れていれば、施設の効果は興味のある介入効果のパラメータからは取り除
かれ、よりバイアスの少ない推定結果を得ることができます。

　DIDにおける共変量の役割は、このほかにも目的変数に対する説明力
を向上させて推定される効果の標準誤差を小さくする回帰分析における役
割と同一と言えます。各サンプルで値を持ち、時間によって変化しないよ
うな変数を導入することになります。先ほどのコレラのデータセットにお
ける分析で、areaのダミーを入れたことが該当します。areaを入れても
入れなくても推定される効果量は同じですが、入れた場合には標準誤差は
小さくなります。

4.2　CausalImpact

　ここではDIDと同様のアイデアに基づいた**CausalImpact**という分析手
法について簡単に説明します。CausalImpactの内部で用いられている
Bayesian Structural Time Series Modelは、本書の扱う範囲としては難解
であるため、その基本的な考え方と使い方にフォーカスします。

■ 4.2.1　DIDの欠点

　集計済みのデータしか持つことができない分析者にとって、DIDは最後
の頼みの綱とも言える手法ですが、2つの欠点が存在します。

1つは、効果の影響を調べたい変数が複数の場所や時期で得られている必要があります。スーパーの売上に対する価格変更の効果を考える際、売上データは実際に介入が行われた地域のみでなく、介入のなかった別の地域においても手に入れる必要があります。しかし、介入を行った対象のデータしか所持していないことがよくあり、例えばすべての地域に広告を配信した場合、広告の介入が行われた売上データだけを手に入れるようなケースです。

もう1つは、どのデータを分析に用いるのかが分析者の仮説に依存しているという点です。DIDの分析は、平行トレンド仮定により介入グループと非介入グループの時間変化が本来は同質であるという仮定が必要です。つまり、分析者はこの仮定が満たされるように非介入グループのデータを形成するか共変量を調整する必要があります。しかし「4.1.6 平行トレンド仮定（Common Trend Assumption）と共変量」で見たように、実際には満たされているかは分からないため、介入グループの近隣の地域のデータを使ったり、知り得る情報から共変量を選択したりする必要があります。

■ 4.2.2　CausalImpactのアイデア

CausalImpactは複数の期間におけるデータを必要とする一方で、前項で見たような2つの欠点を補うことができる分析方法です。DIDのアイデアはおおまかには、**介入が行われたサンプルの"介入が行われなかった場合"の結果**を非介入グループのデータで補うといったものです。つまり、本来はこの反実仮想の結果を何かしらの方法で予測できるのであれば、どのようなデータから予測しても良いということです。もし上手く予測できるのであれば、実際のデータで得られた値と予測された値の差分が介入の効果としてとらえることができます。

CausalImpactはさまざまな種類の変数 X を利用して、目的変数 Y を上手く予測できるようなモデルを介入が行われる前の期間のみで作成します（図4.4）。例えばある店舗で価格を変えた効果を推定する際には、Y として売上を用いる一方で、X としては価格を変えた商品名の検索回数などを利用できます。検索回数はその商品に興味のあるユーザ数やどのくら

い認知されているかによって変動するため、商品の潜在的な売上などと強い相関を持ちます。よって、価格を変えなかった場合の売上とも強い相関を持つ変数です。

また、このとき X として利用できる変数の種類には限りがないため、複数種類のキーワードの検索回数やWebページのアクセス回数といった情報も利用できます。

さらにCausalImpactでは、介入前のデータを利用してどの変数のデータが Y の予測に役立つのかを判別し、自動的に利用するデータを決定しつつモデルを学習してくれます。学習されたモデルは、X を入力すると介入前の状態の Y を予測するため、介入後の X のデータを入力することで介入が行われなかった場合の Y の値を予測として出力してくれます。よって、この予測値と本来の Y の差が効果として得られます。

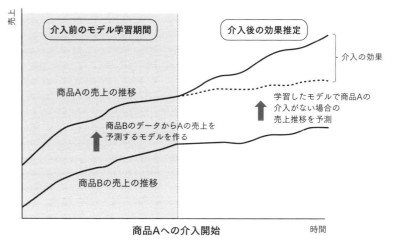

■ 図 4.4／CausalImpactのイメージ

CausalImpactを利用する場合においても平行トレンド仮定は重要な役割を果たします。X も介入の影響を受けるような変数の場合にはやはり問題があります。この場合、予測値も介入の効果を受けて変動することになるため、最終的に推定される効果の値もやはり影響を受けてしまいます。また Y から影響を受けるような変数も介入が Y に影響を与え、その

影響を X が受けるような状態になるため、やはり推定される効果も影響を受けてしまいます。よって、選択したデータにおいてどれを利用するべきかという点に関しては自動化されても、どのデータをそもそも使うべきかという点に関しては分析者の仮定が必要となります。

CausalImpact の最大の障壁は、やはり DID と同じく有用なデータを見つけることにあります。DID では Y の差を時間や地域でとることで、Y に対する効果を推定していました。しかし、CausalImpact では介入が行われる地域における Y を上手く予測できる変数が必要であり、ほかの地域における Y は必ずしも必要ではありません。よって、分析に利用できるデータの種類は CausalImpact の方が多くなり、どのようなデータを利用するかという点において、分析者のアイデアが非常に重要となります。このように売上と強い相関がありつつも、介入の影響を受けない変数として検索数が挙げられます。Google Trend から得られるデータはこのような分析において非常に大きな価値を持ちます。価格変更を介入と考えた場合、価格を変更する商品の名前の検索数は大きな価値があると考えられます。また広告のように検索数にも影響が出るような介入を考える場合には、別の国における検索回数なども利用できます。

4.3 大規模禁煙キャンペーンがもたらすタバコの売上への影響

本節では、カリフォルニアで行われた大規模な禁煙キャンペーンの Proposition99 がどの程度タバコの消費に影響を与えたのか推定します。これは Abadie et al.（2010）らによる分析結果を参考にしたものです。

Proposition99 は近代において初めての大規模な禁煙キャンペーンで、1988年から実施されました。まずタバコ1箱に対して25セントの税金をかけ、そこで得られる税収は健康やタバコの健康被害に対する教育やメディア上の禁煙キャンペーンの予算に利用されました。そのほかにも室内での空気環境を改善するための条例を設立するなど多岐にわたる活動が行われ、1年当たり1億ドル程度の予算が使われました。このキャンペーン

は当時では類を見ないほどに大規模で、かつ初の試みであったため、同様の試みは1993年になるまでほかの州では実施されませんでした。

　カリフォルニア州全体でこの介入が行われているため、非介入グループをカリフォルニア州の中から用意することはできません。よってDIDのような分析方法を行い、介入が行われなかった場合のカリフォルニアの状態を推測する必要があります。

■ 4.3.1　データの準備

　ここではEcdatパッケージのCigarデータセットを使って分析を行います。

　分析に利用できるデータは全米各州における人口1人当たりのタバコの売上です。カリフォルニアでのタバコの売上への影響を知りたいので、これを Y_t とします。そして、それ以外の州のデータは X_{it} とします。本来の分析は1970〜2000年のデータを用いたものですが、入手できるデータの関係から期間を1970〜1993年に設定しています。また、本来の分析と同様に、1988年以降にタバコに対して一定の水準以上の増税を行った州もしくは何らかの規制を行っていた州と District of Columbia に関しては分析するデータから除外しています。このようなデータを用いると、カリフォルニア州以外のデータでも別の介入が行われている状態になってしまいます。よって、介入が行われなかった場合のカリフォルニア州のタバコの売上の推移との平行トレンドの仮定は満たされなくなってしまいます。

(ch4_did.Rの抜粋)

```
# (5) 分析するデータのあるパッケージをインストール(初回のみ)
install.packages("Ecdat")

# (6) ライブラリの読み込み
library("Ecdat")

# (7) Proposition99の分析：集計による分析
## データの準備

### Common Trend Assumptionのために分析から特定の州を外す
```

```
### タバコの規制を行っていた州のリスト
### Arizona, Oregon, Florida, Massachusetts
### タバコの税金が1988年以降50セント以上上がった州のリスト
### Alaska, Hawaii, Maryland, Michigan, New Jersey, New York, Washington
skip_state <- c(3,9,10,22,21,23,31,33,48)

### Cigarデータセットの読み込み
### skip_stateに含まれる州のデータを削除
Cigar <- Cigar %>%
  filter(!state %in% skip_state,
         year >= 70) %>%
  mutate(area = if_else(state == 5, "CA", "Rest of US"))
```

■ 4.3.2　DIDの実装

　まずは前後比較をします。ここでは介入が始まった1988年より後か前かでタバコの1人あたりの売上を比較します。

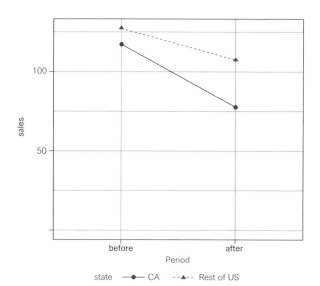

■ **図4.5**／タバコの売上の前後比較

　図4.5のグラフは、介入前である1970〜1987年における人口1人当たりのタバコ売上と介入後の1988〜1993年の売上を、カリフォルニア州とそれ以外の州で比較したものです。このグラフの結果を見ると、カリフォルニア州では大体45箱程度売上が減少していることが分かります。一方でそのほかの州においては20箱程度の減少にとどまっています。このことから、大まかには25箱程度の売上の減少がProposition99の影響によって発生していると考えられます。

　次にカリフォルニアの売上とカリフォルニア以外の州における売上を使ったDIDを試してみましょう。以下のような回帰式を推定します。

$$Sales_i = \beta_0 + \beta_1 ca_i + \beta_2 post_i + \beta_3 ca_i \times post_i + \sum_{t=1970}^{T} \gamma_t year_{t,i} + u_i$$

　ca はデータがカリフォルニア州のものであれば1、そうでなければ0となる変数で、 $post$ は介入が行われた期間であることを示す変数です。 $year$ は各年固有の効果を示す変数で、 $year_{1970,i}$ であればサンプル i が1970年のデータであった場合には1に、そうでない場合には0となります。

（ch4_did.Rの抜粋）

```
# (8) DIDのためのデータを準備
## カリフォルニア州とそのほかという2グループのデータ
Cigar_did_sum <- Cigar %>%
  mutate(post = if_else(year > 87, 1, 0),
         ca = if_else(state == 5, 1, 0),
         state = factor(state),
         year_dummy = paste("D", year, sep = "_")) %>%
  group_by(post, year, year_dummy, ca) %>%
  summarise(sales = sum(sales*pop16)/sum(pop16))

# (9) カリフォルニア州とそのほかというグループでの分析
## 2グループでのデータでの分析
Cigar_did_sum_reg <- Cigar_did_sum %>%
  lm(data = ., sales ~ ca + post + ca:post + year_dummy) %>%
  tidy() %>%
```

```
    filter(!str_detect(term, "state"),
        !str_detect(term, "year"))

## 2グループでのデータでの分析(log)
Cigar_did_sum_logreg <- Cigar_did_sum %>%
  lm(data = ., log(sales) ~ ca + post + ca:post + year_dummy) %>%
  tidy() %>%
    filter(!str_detect(term, "state"),
        !str_detect(term, "year"))
```

　Rを用いた分析結果は以下のようになります。この分析において介入変数は $ca_i \times post_i$ であることから、興味のあるパラメータは β_3 となり、Rの分析結果としてはca:postの結果に興味があります。

```
> Cigar_did_sum_reg
# A tibble: 4 x 5
    term         estimate std.error statistic  p.value
    <chr>          <dbl>     <dbl>     <dbl>     <dbl>
1 (Intercept)   124.       4.52     27.3   6.69e-18
2 ca             -9.09      2.07     -4.38  2.60e- 4
3 post          -23.8       6.61     -3.60  1.67e- 3
4 ca:post       -20.5       4.45     -4.62  1.48e- 4
```

　ca:postの示す効果量は-20.5であるため、Proposition99は1人あたりのタバコの売上を20箱程減少させたことになります。
　介入の効果や時間による効果が比率で影響する可能性を考え、目的変数に対数をとった場合の分析も行います。

```
> Cigar_did_sum_logreg
# A tibble: 4 x 5
    term         estimate std.error statistic  p.value
    <chr>          <dbl>     <dbl>     <dbl>     <dbl>
1 (Intercept)    4.82      0.0421   114.    7.73e-31
2 ca            -0.0767     0.0193    -3.97  6.99e- 4
3 post          -0.232      0.0616    -3.76  1.14e- 3
4 ca:post       -0.253      0.0415    -6.10  4.67e- 6
```

　ca:postの結果は-0.253となっているため、Proposition99は1人当たりのタバコの売上を25％程減少させたことになります。しかし、このときカリフォルニア州以外のデータは平行トレンド仮定を満たしているでしょうか。これを確認するために、売上データをプロットしてみます（図4.6）。

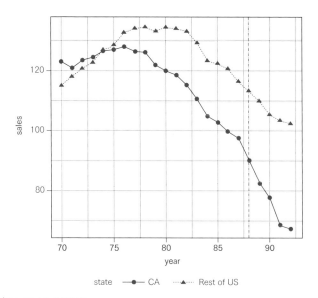

■ **図4.6**／売上のトレンドの確認

　この結果、介入前のタバコの売上のトレンドは、カリフォルニア州とそれ以外では特に平行に動いているわけではないので、トレンドに差異があることが分かります。

■ **4.3.3　CausalImpactの実装**

　CausalImpactを試してみましょう。CausalImpactは目的変数 Y と予測に利用する変数 X 、そして介入期間を表す変数をそれぞれ入力する必要があります。このとき変数 X は今まで登場してきたような共変量ではなく、平行トレンド仮定を満たすような変数です。目的変数はカリフォルニアを示すstate == 5のsalesです。これは、filter()とpull()で得るこ

とができます。

　続いて予測に利用する変数を用意します。ここではカリフォルニア州以外の州でのタバコの売上を利用します。よって、まずカリフォルニア州のデータを除外するために filter() で state != 5を指定します。そして select() にて state、sales、year の3つの列を指定し、spread() を使って行が year 単位で、列が state 単位で、値に sales が入ったデータフレームを作ります。

（ch4_did.Rの抜粋）

```
# (11) CausalImpactを利用した分析
## ライブラリのインストール ( 初回のみ )
install.packages("CausalImpact")

## CigarデータをCausalImpact用に整形
### 目的変数としてカリフォルニア州の売上だけ抜き出す
Y <- Cigar %>% filter(state == 5) %>% pull(sales)

### 共変量としてほかの州の売上を抜き出し整形
X_sales <- Cigar %>%
  filter(state != 5) %>%
  select(state, sales, year) %>%
  spread(state,sales)

### 介入が行われるデータを示す
pre_period <- c(1:NROW(X_sales))[X_sales$year < 88]
post_period <- c(1:NROW(X_sales))[X_sales$year >= 88]

### 目的変数と共変量をバインド
CI_data <- cbind(Y,X_sales) %>% select(-year)

## CausalImpactによる分析
impact <- CausalImpact::CausalImpact(CI_data,
                    pre.period = c(min(pre_period), max(pre_period)),
                    post.period = c(min(post_period), max(post_period)))
## 結果のplot
plot(impact)
```

　図4.7のようにグラフで可視化すると、CausalImpactの結果を直感的に解釈できます。一番上から「original」、「pointwise」、「cumulative」とタイトルの付いた3つのグラフが確認できます。

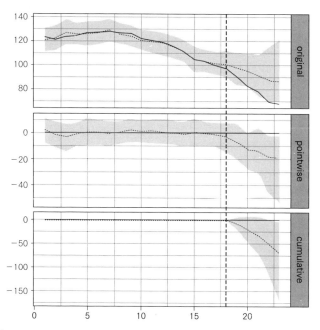

■ **図4.7**／CausalImpactの結果

　originalとタイトルの付いたグラフは、カリフォルニアにおけるタバコの売上とそれに対する予測値を横軸に時間（year）をとって表しています。実線が実際の売上で点線が予測値となっており、介入が始まったタイミングを示す縦の点線の前後で売上の実測値と予測値に乖離が生まれていることが分かります。

　pointwiseと名前の付いたグラフは、originalのグラフで示す実測値と予測値の乖離をプロットしたもので、各時点における介入の効果を示しているグラフです。

　cumulativeと名前の付いたグラフは、pointwiseのグラフで示す値を介入が始まったタイミング以降で積み上げたものです。Proposition99はタ

バコの売上を低下させるのでここでは下に増加していきます。

pointwiseグラフを見て分かる通り、CausalImpactの特徴に各年で効果を推定できる点があります。DIDにおいては介入開始後の平均の効果しか分かりません。これにより段階的に強化されるような介入であっても、その効果が反映されるかを見ることができます。またモデルの結果を保存した変数（impact）を呼び出すことで、推定された効果を実数と比率で確認できます。

```
> impact
Posterior inference {CausalImpact}

                          Average          Cumulative
Actual                    77               386
Prediction (s.d.)         91 (7.5)         457 (37.7)
95% CI                    [78, 113]        [390, 564]

Absolute effect (s.d.)    -14 (7.5)        -70 (37.7)
95% CI                    [-36, -0.79]     [-178, -3.96]

Relative effect (s.d.)    -15% (8.3%)      -15% (8.3%)
95% CI                    [-39%, -0.87%]   [-39%, -0.87%]


Posterior tail-area probability p:   0.02104
Posterior prob. of a causal effect:  97.896%

For more details, type: summary(impact, "report")
```

Absolute effectは効果を実際の売上の箱数で表しており、左側（Average）に平均的な効果、右側（Cumlattive）には積み上げの効果を示しています。それぞれの値に続くカッコの中にはその標準誤差が報告されています。よって、ここでの効果は平均的には−14箱でありその標準誤差は7.5になります。このときの95％の信用区間はさらにその下に表示されています。95％の信用区間の中に0が含まれるか否かを考えることは、有意差検定に

類似するような情報を与えてくれます。ここでは信用区間に0を含んでいないため、効果が0である可能性は低く統計的に有意な差があると考えられます。比率での効果はRelative effectとして報告されており、この解釈もAbsolute effectと同様です。

■ 4.3.4　分析結果の比較

　この分析の元となるAbadie et al.(2010)らの分析結果は**合成コントロール**（**Synthetic Control**）という手法を使っています。合成コントロールでは、まず各州の経済や人口の状況が介入期間前でカリフォルニア州と類似している州をアルゴリズムによって抽出します。このとき抽出された州は介入前の期間でカリフォルニア州と類似したトレンドを持っていることになるので、平行トレンド仮定を満たしている州が抽出されていると考えられます。そして抽出された州のデータを利用し、タバコの売上を合成値として予測するというプロセスを行ないます。平行トレンド仮定を満たしているサンプルを見つけているため、十分にバイアスの低い結果が得られていると考えられます。

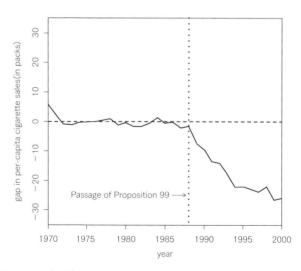

■ **図4.8**／Abadie et al.(2010)での結果

　図4.8のグラフはAbadie et al.(2010)から引用したものです。CausalImpactの3つのグラフにおけるpointwiseに対応するもので、縦軸は効果量を表し、横軸は年を表しています。このグラフ上での結果は介入を開始した1988年から徐々にタバコの消費量が低下していき、1992年では15箱程度の売上が減少し、その後も1995年まで効果が強くなり、およそ20箱程度の売上が減少したといった結果になっています。

　これに対してDIDの結果は、1988年から1992年における平均的な効果が20箱程度の売上の減少となっており、やや過剰に評価されたことが分かります。これは平行トレンド仮定が上手く満たされていないデータを利用しているために差が発生していると考えられます。一方でCausalImpactにおいては、上記の結果と同様に徐々に効果が強くなり1992年では18箱の減少となり、推定された効果の傾向についてもある程度の類似が認められます。

4.4　不完全な実験を補佐する

　DIDやCausalImpactによる分析は、実験が限定的にしか行えない環境において非常に重宝される検証方法です。例えば実験の承諾が得られても、地域単位にしか介入が行えなかったり、実験できる地域が限定されたりすることはよくあります。これらの手法はこのような場合であっても効果の分析を可能にしてくれます。このほかにもABテストでの検証が本質的に不可能、もしくは非常に難しくても利用できることがあります。

　ネット広告においてはオークションを用いた取引が行われており、その際メディアが広告収益を最大化するためには最低入札額（フロアプライス）の設定が重要であるということが知られています。複数回のオークションを行う際に、2種類のフロアプライスの設定ルールA、Bをランダムに選んでどちらのフロアプライス設定方法がオークションでの売上を高くするのかを検証したいとします。このとき本当に知りたいことは、入札者がルールAに対して最適な入札を行った場合とルールBに対して最適な入札を行った場合の比較です。

　しかし、実験を行っていることを入札者が知らなければ、入札者には
ルールA、Bが混ぜられた別のルールCが適応されているように見えてし
まいます。その結果、入札者側は自身の利益を最大化するために、この
ルールCに対して最適な入札を行うようになります。これでは得られた
データで平均を比較しても本来比較したい状況ではなくなってしまい、シ
ンプルなRCTは最適な検証方法ではないということになります。

　このような状況であっても、DIDは平行トレンド仮定を満たすような
データがあればその効果を検証できます。よって、フロアプライスを変動
させる広告枠とそうでない広告枠を設定して変化させ、データが得られた
ところでDIDを実行すれば良いということになります。

■ 4.4.1　DIDのアイデアを用いた分析が使えないとき

　DIDやCausalImpactでは、効果を分析したい介入がほかの介入や施策
と同時に導入される場合、その効果を分析することはできません。例えば
ある広告の効果を知りたいときに、広告の開始と同時に商品の値下げを
行っているような状態を考えます。このときDIDかCausalImpactを用い
て正の効果が推定されたとしても、その結果は広告の効果と商品の値下げ
による効果が混ざってしまいます。価格が頻繁に変動する場合には、価格
を共変量としてモデルに入れることで、この問題を解決できます。実際に
はこのようなデータを手に入れることは珍しくありません。

　何かの介入を行う際に、その開始のタイミングを揃えることがよくあり
ます。例えばマーケティングにおいては、商品の入れ替えやWebページ
の刷新や広告が同一のタイミングで始まります。こういったケースにおい
ては、どれか1つの効果を推定することはほぼ不可能です。このような広
告とほかの施策とのタイミングの重なりが生むバイアスは、マーケティン
グに携わる分析者の間では、アクティビティバイアス（Activity Bias）と
呼ばれています。

参考文献

- Snow, John. "On the mode of communication of cholera." Edinburgh medical journal 1.7 (1856): 668.
- Abadie, Alberto, Alexis Diamond, and Jens Hainmueller. "Synthetic control methods for comparative case studies: Estimating the effect of California's tobacco control program." Journal of the American statistical Association 105.490 (2010): 493-505.
- Abadie, Alberto, and Javier Gardeazabal. "The economic costs of conflict: A case study of the Basque Country." American economic review 93.1 (2003): 113-132.
- Card, David. "The impact of the Mariel boatlift on the Miami labor market." ILR Review 43.2 (1990): 245-257.
- Blake, Thomas, Chris Nosko, and Steven Tadelis. "Consumer heterogeneity and paid search effectiveness: A large-scale field experiment." Econometrica 83.1 (2015): 155-174.
- Bertrand, Marianne, Esther Duflo, and Sendhil Mullainathan. "How much should we trust differences-in-differences estimates?." The Quarterly journal of economics 119.1 (2004): 249-275.
- Angrist, Joshua D., and Jörn-Steffen Pischke. Mostly harmless econometrics: An empiricist's companion. Princeton university press, 2008.
- Angrist, Joshua D., and Jörn-Steffen Pischke. Mastering'metrics: The path from cause to effect. Princeton University Press, 2014.

5章

回帰不連続
デザイン (RDD)

介入はif文のような決定論的なルールで割り当てが決まることがしばしばあります。このような場合、特定の条件を満たすサンプルには必ず介入が行われます。その結果、介入が行われたサンプルとそうでないサンプルは常に傾向が異なります。この状態では回帰分析も傾向スコアも利用できません。また、介入の前後の情報がなければ4章で紹介した方法を利用することもできません。

決定論的なルールが使われている状況は、効果の検証は不可能に思えます。しかし、ルールの条件を満たすか否かのギリギリの閾値周辺のサンプルは、"ほぼ"同質のサンプルの状態で介入の有無が分かれているということになり、実は小規模で限定的なRCTを行ったかのようなデータになっています。本章ではこのようなデータを利用する回帰分析の応用である、回帰不連続デザインを紹介します。

5.1 ルールが生み出すセレクションバイアス

ビジネスの現場においては、状況に応じて都度行われる意思決定ではなく、あらかじめ決められた明確なルールによって介入の意思決定を行うことは少なくありません。

例えば明確に介入を割り振る条件が記載されたマニュアルに従って、年齢が30歳以上といった条件に該当したユーザに対して割引や広告の配信を行うような施策です。このようにルールで介入が決まる場合、ルールの条件を満たすサンプルはすべて介入が行われ、満たさないサンプルはすべて介入が行われないことになります。これは3章で解説した傾向スコアの観点で見ると、ルールを満たす30歳以上の場合には傾向スコアが常に1であり、満たさない30歳未満の場合には常に0ということになります。これでは傾向スコアを用いたマッチングもIPWも利用できなくなってしまいます。

本章ではこのように介入の割り当てがルールによって行われている場合でも利用できる**回帰不連続デザイン**（**Regression Discontinuity Design；RDD**）と呼ばれる分析方法を解説します。

■ 5.1.1 回帰不連続デザインのしくみ

ここからメール配信の例を挙げて解説していきます。昨年の売上が一定額以上のユーザのみにメールを配信することを考えます。このとき昨年の売上である $history_i$ が、ある決められた額Aよりも多い場合にはメールが配信されて $Z_i = 1$ となり、それ以外ではメールが配信されないため $Z_i = 0$ となります。

$$Z_i = \begin{cases} 1 & (history_i \geq A) \\ 0 & (history_i < A) \end{cases}$$

このようなルールによって介入の割り振りが決定される場合、メール配信 Z_i の決定は $history_i$ のみに依存することになります。よって、

$history_i \geqq A$ となる場合には必ず介入が割り当てられ、$history_i < A$ となる場合には必ず介入が割り当てられないという状態になります。つまり、あるユーザの去年の売上を知ることができれば、そのユーザにメールが配信されるかを同時に知ることになります。この $history_i$ のように、介入を決定する変数のことを**running variable**[1]と呼び、介入の有無の閾値のことを**カットオフ**(**cut off**)と呼びます。

　介入の有無がカットオフの前後で分断されている状況において、介入の効果を推定することは一見かなり無茶があるように思えます。割り当てのルールが過去にも使われている場合には、時系列では介入の変化が起きていません。このためDIDのような介入の有無が時系列で切り替わることを利用する分析方法は利用できません。

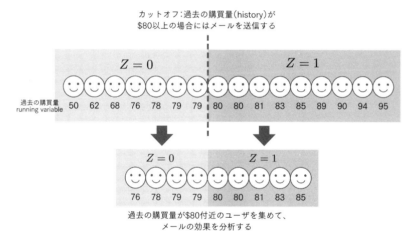

■ 図5.1／RDDにおけるデータ利用のイメージ

　回帰不連続デザイン(RDD)はこのような状況においても、カットオフ付近のデータに着目することで効果を検証できる手法です(図5.1)。大まかには、カットオフの近辺のデータでは過去の購買量は介入グループと非介入グループでも似た値となっているので、同質なユーザが集まっている

＊1　running variable は forcing variable とも呼ばれます Lee (2010)。

と考えられます。よって、介入グループと非介入グループを比較した際に、バイアスも小さいはずというアイデアに基づいています。

■ 5.1.2 集計によるセレクションバイアスの確認

まずはこのデータの構造が持つ問題を整理するためにも、集計による分析の問題点を考えてみましょう。このようなデータの場合、メールが配信されたグループと配信されなかったグループのそれぞれのデータにおいて平均を算出してその差分を効果とすることが考えられます。このときそれぞれのグループにおける平均は、$Z_i = 1$、$Z_i = 0$ という条件のもとで売上の期待値を算出していることになるため、以下のような推定をしていることになります。このとき介入の決定ルールによって、$Z_i = 1$ は $history_i > A$ へと置き換えられ、$Z_i = 0$ は $history_i < A$ へと置き換えられることに注意します。

$$
\begin{aligned}
\tau_{naive} &= E[Y^{(1)}|Z = 1] - E[Y^{(0)}|Z = 0] \\
&= \tau + E[Y^{(0)}|Z = 1] - E[Y^{(0)}|Z = 0] \\
&= \tau + E[Y^{(0)}|history \geq A] - E[Y^{(0)}|history < A]
\end{aligned}
$$

平均の差を集計する場合、本来推定したい効果 τ に加えて $E[Y^{(0)}|history \geq A] - E[Y^{(0)}|history < A]$ というセレクションバイアスがあることが分かります。これは昨年の購買量が一定以下の場合における今年の潜在的な購買量と、一定以上の場合における今年の潜在的な購買量の差分です。昨年の購買量と潜在的な購買量には強い相関があると考えられるため、このセレクションバイアスの値は非常に大きくなることが想定されます。つまり集計によって得られた分析結果は、メールの効果をかなり過剰なものとして推定することになります。

5.2 回帰不連続デザイン（RDD）

　明確なルールで介入が割り振られた場合においても、単純な集計による比較が問題を持つことが分かりました。これまでと同じように、セレクションバイアスをどのようにして小さくするかがここでの課題です。

　介入がルールによって決定される場合、データの持つバイアスはそのルールに利用される変数のみによって発生しています。つまりここでは $history_i$ のみがセレクションバイアスの原因となっているということです。よって、$history_i$ をコントロールすることでセレクションバイアスを軽減できると考えられます。本節で説明する回帰不連続デザイン（RDD）はこの情報を活用することで効果を推定する方法となっています。

■ 5.2.1 線形回帰による分析

　セレクションバイアスへの対応として真っ先に候補に出てくるのは、2章で確認した線形の回帰分析です。まずは回帰分析による対応を考えてみます。

　実際のデータを加工してRDDの説明を進めていきます。メールの配信がサイトの来訪を増やすという目的で行われたと仮定し、メールの配信がサイト来訪者をどの程度増やす効果があるのかを推定します。ここでは介入を決定する変数である $history_i$ が目的変数であるサイト来訪に対して線形の関係を持ち、効果が $history_i$ の値で変動しないような状況を考えます。よって、母集団上で以下のような関係性があるとしています。

$$E[Y^{(0)}|X] = \beta_0 + \beta_1 history$$
$$Y^{(1)} = Y^{(0)} + \tau$$

　この場合、以下のような回帰分析を行うことで、興味のある推定結果を τ として得ることができます。仮に $history_i$ をモデルに含めなかった場合には「5.1.2 集計によるセレクションバイアスの確認」で見たような集計と同様の分析になることに注意してください。このとき ρ は介入の効果を表すパラメータです。

$$Y = \beta_0 + \beta_1 history + \rho Z + u$$

ここでのセレクションバイアスは $history_i$ のみによって発生しており、$history_i$ と目的変数の関係も線形であることから、線形のモデルを使った回帰分析によってセレクションバイアスがほぼなくなった分析結果を得ることができます。しかし、$history_i$ と目的変数の関係が線形ではない場合には、線形で表されなかった関係性によるセレクションバイアスが発生していることになります。

■ 5.2.2　非線形回帰による分析

もし $history_i$ と Y_i の関係性が非線形なのであれば、効果をより正しく推定するためには非線形性を考慮した共変量をモデルに含める必要があります。もし非線形性を考慮した共変量が含まれていない場合には、「2.2.2 脱落変数バイアス（OVB）」で見たようにOVBが発生することとなり、線形のモデルで推定される効果量はバイアスを含んでしまいます。この例では X の2乗、3乗といった変数の脱落という問題になるため、これらの変数を含めた回帰分析を行うことで問題を解決できます。以下のような非線形の関係を考慮した回帰モデルが利用されます。

$$Y = \beta_0 + f(X) + \rho Z$$

$$f(X) = \beta_1 X + \beta_2 X^2 + ... + \beta_p X^p$$

このとき $f(X_i)$ はさまざまなパターンが考えられますが、最も単純な方法は X_i の1乗からp乗までをモデルに含むような、べき乗を利用したモデルとなります。このとき p は分析者が自由に設定できます。

べき乗のような非線形回帰は p をいくらでも増やすことができるため、分析者が試すことができるモデルの数が増大していしまいます。よって、その中でどのモデルを選択するべきかという問題が増えることになります。また、このときカットオフの前後で $history$ と Y の関係性が変わらないことを仮定していますが、これはモデルに $Z \times f(x)$ を新たに投入する

ことで関係性が変化するような状況を組み込むことができます。

■ 5.2.3　メールによる来訪率の増加効果を分析する

データの準備

　まず最初にメールマーケティングデータを用いて、RDDの解説に利用するデータを作成します。

　ここでは去年の購買量の対数である $log(history_i)$ が5.5以上（\$244以上）であった場合にメールを配信するとし、サイト来訪を増加させる効果に対して検証をします。まずはもともとRCTが行われているデータセットで去年の購買量である $history_i$ とサイト来訪を示す $visit_i$ をメールの有無で分けて比較してみます。

（ch5_rdd.Rの抜粋）

```r
# (1) ライブラリの読み出し
library("tidyverse")
library("broom")

# (2) データの読み込み

email_data <- read_csv("http://www.minethatdata.com/Kevin_Hillstrom_
MineThatData_E-MailAnalytics_DataMiningChallenge_2008.03.20.csv")

# (3) ルールによるメールの配信を行ったログを作成
## データの整形とrunning variableの追加
male_data <- email_data %>%
  filter(segment %in% c("Mens E-Mail","No E-Mail")) %>%
  mutate(treatment = if_else(segment == "Mens E-Mail", 1, 0),
         history_log = log(history))
```

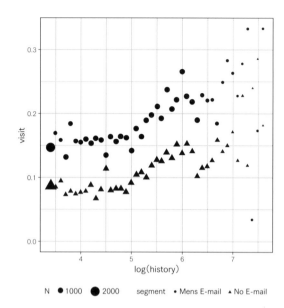

■ **図 5.2** ／実験データにおける来訪率とlog(history_i)

図5.2のグラフは、 $log(history_i)$ を0.1単位でグループ化し、その中で
の平均来訪率を算出したデータを表示したものです。縦軸がサイト来訪率
で横軸が $log(history_i)$ を表しており、点の大きさはサンプルのサイズを
表しています。そしてメールマーケティングによる介入を受けたか否かは
点の形で表されています。このときカットオフ近辺である $log(history_i)$
が5以上6以下になるサンプルで介入グループと非介入グループの差を実
際に集計すると、来訪率が8%程度違うという結果になります。また、こ
のグラフから $log(history_i)$ と来訪率の関係は完全な線形でないことが分
かります。

　次にRDDの設定を導入します。 $log(history_i)$ が5.5以上の場合のみ
メールを受け取ることになるため、 $log(history_i)$ が5.5以上でメールの介
入が行われていないデータを削除します。そして一方で $log(history_i)$ が
5.5以下でメールの介入が行われているデータも同様に削除します。

（ch5_rdd.R の抜粋）

```
## cut-off の値を指定
threshold_value <- 5.5

## ルールによる介入を再現したデータの作成
## cut-offよりrunning variableが大きければが配信されたデータのみ残す
## 逆の場合には配信されなかったデータのみ残す
## running variableを0.1単位で区切ったグループ分けの変数を追加
rdd_data <- male_data %>%
  mutate(history_log_grp = round(history_log/0.1,0)*0.1) %>%
  filter(((history_log > threshold_value) &
          (segment == "Mens E-Mail")) |
          (history_log <= threshold_value) &
          (segment == "No E-Mail"))
```

これにより、ルールによってメールの配信を仮想的に決定した状態を作り出しました。このデータセットで先ほどと同一のグラフを作成すると、図5.3のようになります。

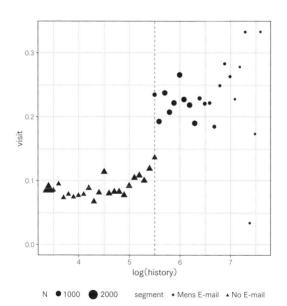

■ 図 5.3／非実験データにおける来訪率と log(history)

このグラフではカットオフの値を示すため、$log(history_i)$ が5.5の所で縦の点線を入れています。この線の左右で介入の有無が分かれていることが分かります。また、このグラフにおいては点線の部分でサイト来訪率（visit rate）が急な上昇を見せていることが分かります。

集計による分析

まず介入グループと非介入グループの平均来訪率を比較します。

（ch5_rdd.Rの抜粋）

```
## RDDデータでの比較
rdd_data_table <- rdd_data %>%
  group_by(treatment) %>%
  summarise(count = n(),
            visit_rate = mean(visit))


> rdd_data_table
# A tibble: 2 x 3
  treatment count visit_rate
      <dbl> <int>      <dbl>
1         0 13926     0.0907
2         1  7366     0.224
```

カットオフ以下の来訪率は9%であり、カットオフ以上の来訪率は22.4%となったため、この集計上での効果は13.4%程度だということになります。RCTのデータにおいてカットオフ付近の効果は8%程度であったため、この結果は想定通り乖離していることが分かります。これは昨年の購買量が多い場合に潜在的にサイトに来訪しやすい状態にあるために起きた結果だと考えられます。

線形回帰による分析

次に線形のモデルを使った回帰分析を行います。ここでは介入を表す変数以外に、共変量として $log(history_i)$ を入れ、以下のようなモデルで回帰分析を行っています。

$$visit_i = beta_0 + beta_1 treatment_i + beta_2 log(history_i) + u_i$$

以下がRによるコードです。

（ch5_rdd.Rの抜粋）

```
# (6) 回帰分析による分析
## 線形回帰による分析
rdd_lm_reg <- rdd_data %>%
  mutate(treatment = if_else(segment == "Mens E-Mail", 1, 0)) %>%
  lm(data = ., formula = visit ~ treatment + history_log) %>%
  tidy() %>%
  filter(term == "treatment")
```

```
> rdd_lm_reg
# A tibble: 1 x 5
  term     estimate std.error statistic  p.value
  <chr>       <dbl>     <dbl>     <dbl>    <dbl>
1 treatment   0.114   0.00798      14.2 8.40e-46
```

　介入の効果量は11％と推定されました。集計による効果よりRCTの結果にいくらか近くなっているのが分かります。これは $log(history_i)$ の線形の関係による影響を取り除けたことによるものと考えられます。

　「2.4.5 パラメータの計算」において、回帰分析における介入の効果は主に"介入グループと非介入グループの割合がちょうど1対1になっているようなサンプル"を中心に算出されていることを説明しました。ルールによって介入が割り振られている場合、カットオフ付近のデータだけが利用されていることになります。よって、このような状況において推定される効果はカットオフ周辺の効果であり、**Local Average Treatment Effect**（**LATE**）と呼ばれています。

非線形回帰による分析

　rddtoolsパッケージでは非線形回帰を利用したRDDを簡単に実行できます。rddtoolsパッケージはinstall.packages("rddtools")によってインストールできます。

まず最初に rdd_data 関数で目的変数 Y と running variable である X と
カットオフ（cutpoint）を指定します。そしてその結果を保存した変数を
rdd_object に指定して rdd_reg_lm という関数に渡します。この関数が非
線形回帰を利用した RDD を実行してくれる関数です。このときべき乗の
オーダーは order で指定します。order=4 で実行すると、以下のような結
果となります。

（ch5_rdd.R の抜粋）

```
## 非線形回帰による分析
library("rddtools")
nonlinear_rdd_data <- rdd_data(y = rdd_data$visit,
                               x = rdd_data$history_log,
                               cutpoint = 5.5)


nonlinear_rdd_ord4 <- rdd_reg_lm(rdd_object=nonlinear_rdd_data, order=4)


 > nonlinear_rdd_ord4
### RDD regression: parametric ###
    Polynomial order:  4
    Slopes:  separate
    Number of obs: 21292 (left: 13926, right: 7366)

    Coefficient:
  Estimate Std. Error t value  Pr(>|t|)
D 0.074079   0.019629  3.7739 0.0001611 ***
---
Signif. codes:  0 '***' 0.001 '**' 0.01 '*' 0.05 '.' 0.1 ' ' 1
```

rdd_reg_lm の実行結果では、効果量は D という変数の Coefficient とし
てレポートされており、p-value もレポートされています。このことから
推定された効果は 7.4% であり、統計的に有意な結果であることも示され
ています。線形回帰の結果と比較すると RCT の 8% という結果にかなり近
づいており、非線形の変数を入れたことでセレクションバイアスがより小
さくなっていると考えられます。

5.3 nonparametric RDD

■ 5.3.1 nonparametric RDDのしくみ

介入を決定する変数と目的変数の関係が非線形の場合に利用できる **nonparametric RDD** という方法があります。利用するデータを閾値の前後に限定することでセレクションバイアスを小さくするというアイデアです（図5.4）。

$$\hat{\tau}_{naive} = \tau + E[Y^{(0)}|history \geq A] - E[Y^{(0)}|history < A]$$

まず単純な集計による効果推定で発生するセレクションバイアスの値に着目します。このバイアスの値は $history$ が A よりも大きいサンプルにおける $Y^{(0)}$ の期待値と、 $history$ が A よりも小さいサンプルにおける $Y^{(0)}$ の期待値の差となっています。

これらの期待値は $history$ の値がカットオフの近くに集中している場合には似通った値を持つことになります。よって、このバイアスの値は効果の推定に利用するデータの $history_i$ の値が A に近いものに限定されるほど小さくなるという特性を持っています。

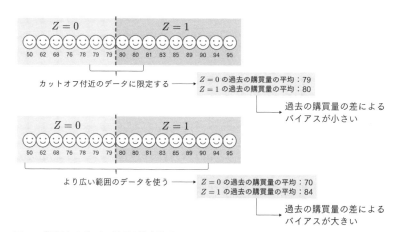

■ **図 5.4**／利用するデータの範囲と推定結果

　この特性は $E[Y_{0i}|history_i < A]$ と $E[Y_{0i}|history_i \geq A]$ が、 $history_i$ が A 付近のデータにおいてはほぼ同じ値になることに依存しています。実際にメールマーケティングのデータを利用して、データの範囲と推定結果の関係性について見てみます（図5.5）。

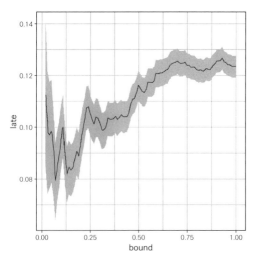

■ **図 5.5**／利用するデータの範囲と推定結果

　このグラフは、縦軸には集計による効果の推定値を示し、横軸には推定に使うデータの範囲を示しています。例えば横軸が0.1であれば、縦軸はカットオフの値から最大0.1乖離したサンプルのみが含まれたデータから得られた結果ということになります。このグラフを見ると、左側はセレクションバイアスがより小さいと考えられます。実際にグラフの値を見ると、データの範囲をカットオフ付近に限定すると推定結果は8〜9％となり、RCTのデータの結果の値に近くなる傾向があります。しかし、同時にデータの範囲を絞りすぎると、集計に含まれるデータの量が少なくなることから標準誤差は大きくなり、推定される効果の値も大きく変動してしまいます。

■ **5.3.2**　Rによるnonparametric RDDの実装

　nonparametric RDD はデータを限定するとセレクションバイアスが小

さくなるという傾向を利用し、カットオフ付近のデータのみで分析を行うことで効果を上手く推定しようという方法です。ここで用いる推定方法は回帰分析ですが、分析に利用するデータが限定されています。また、データの幅が小さくなったとしても、非線形な関係から生まれるバイアスが影響を与える可能性があるため、利用するモデルは非線形な関係を仮定しています。実際にメールマーケティングのデータにnonparametric RDDを適応してみましょう。

　ここでは先ほどのデータに対してrddパッケージを利用します[*2]。rddパッケージはinstall.packages("rdd")によってインストールできます。

（ch5_rdd.Rの抜粋）

```
# (8) nonparametric RDD
## ライブラリの読み込み
library("rdd")

## non-parametric RDDの実行
rdd_result <- RDestimate(data = rdd_data,
                         formula = visit ~ history_log,
                         cutpoint = 5.5)

## 結果のレポート
summary(rdd_result)

## 結果のプロット
plot(rdd_result)
```

```
> summary(rdd_result)
Call:
RDestimate(formula = visit ~ history_log, data = rdd_data, cutpoint = 5.5)

Type:
sharp

Estimates:
```

[*2]　rddtools パッケージでも rdd_reg_np() という関数を用いることで同様の分析を行うことが可能です。

```
          Bandwidth  Observations  Estimate  Std. Error  z value  Pr(>|z|)
LATE      0.6943     9596          0.08155   0.01630     5.002    5.677e-
07  ***
Half-BW   0.3471     5043          0.08216   0.02288     3.590    3.301e-
04  ***
Double-BW 1.3885     15779         0.10038   0.01195     8.399    4.514e-
17  ***
---
Signif. codes:  0 '***' 0.001 '**' 0.01 '*' 0.05 '.' 0.1 ' ' 1

F-statistics:
              F      Num. DoF  Denom. DoF  p
LATE          75.87  3         9592        0
Half-BW       29.87  3         5039        0
Double-BW     152.90 3         15775       0
```

　推定結果を保存した変数を呼び出すと、上記のような結果を得ることができます。

　Estimatesの欄に推定された効果が記載されています。ここではLATEが興味の対象となる値です。Estimateが効果量を表し、p-valueや標準誤差もその右側にレポートされています。LATEの推定値は0.08155となっているため、カットオフ付近ではメールによって8%程度サイト来訪率を向上させていたことを示しています。

　LATEの下にレポートされているHalf-BWとDouble-BWは利用するデータの幅をそれぞれ半分にした場合と倍にした場合の結果です。基本的には幅が小さくなる方がバイアスが小さくなる傾向にありますが、同時にサンプルサイズが小さくなるために得られる標準誤差が大きくなります。ここではLATEとHalf-BWの推定値が大まかには同一であることから、通常のデータの幅でうまくバイアスが少なくなっている状況を得られていると考えられます。

　RDestimate()は分析に利用するデータの幅を自動で決めてくれます。これはクロスバリデーションと呼ばれる機械学習で使われる方法を応用して決定されています。本書では詳細を解説しませんが、気になる方はImbnes and Kalyanaraman（2011）を参照することをお勧めします。

rddパッケージでは分析結果を可視化することもできます。plot(rdd_result)を利用すると図5.6のような結果を得ることができます。

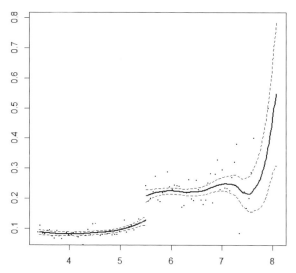

■ **図5.6**／rddパッケージによる分析結果の可視化

横軸は介入を決定する変数の値で、縦軸は目的変数の値です。実線は非線形回帰の推定結果を表し、上下にある点線は信頼区間を表しています。横軸が5.5付近のところで推定結果が上に水平方向にシフトしていることが分かります。RDDの推定結果はこのシフトの大きさということになります。

5.4 回帰不連続デザインの仮定

ルールによって介入の割当が行われているとき、RDDが介入の効果を推定する便利な手法であることを確認しました。ここではRDDが前提とする仮定について確認し、RDDでは扱えないデータや得られた効果についての考え方について確認します。

■ 5.4.1　Continuity of Conditional Regression Functions

RDDでは推定された効果が正しいと考えるために、**Continuity of Conditional Regression Functions**と呼ばれる仮定を満たしている必要があります。Continuity of Conditional Regression Functionsは、介入を受けた場合と受けなかった場合における条件付き期待値である $E[Y^{(1)}|X]$ と $E[Y^{(0)}|X]$ が X に対して連続であることを仮定しています。 $E[Y^{(1)}|X]$ と $E[Y^{(0)}|X]$ が連続ではない状況とは、別の介入があるときによく発生します。

例えば$log(history_i)$が5.5以上のユーザに、メールの配信だけでなくネット広告も配信する場合、ネット広告の効果による来訪率の上昇が発生してしまい、 $E[Y^{(1)}|X]$ と $E[Y^{(0)}|X]$ はカットオフで大きく値が異なります。このときにカットオフ付近で推定される効果は、メールの配信の効果に広告の効果も含まれてしまいます。

こういった仮定についてよく考えないと、仮にメールマーケティングの効果がなくても、広告の効果によって来訪率が上昇しているため、あたかもメールマーケティングに効果があるように見えてしまいます。このように疑わしい連続値の変数がある場合は、その変数を目的変数としてRDDを実行することで、その変数がContinuous Assumptionを満たしているかを確認できます。この操作に関してはAngrist and Pischke（2008）を参照してください。

■ 5.4.2　non-manipulation

RDDにおいては、分析の対象が自身の介入に関するステータスを調整できないという**non-manipulation**と呼ばれるもう1つの重要な仮定があります。例えば、あるユーザが一定以上の購入額を超えると次の年にクーポンをメールでもらえることを知っているとします。今の購入額とカットオフの金額との差が小さい場合、ユーザは意図して追加購入することで、来年クーポンを手にすることができます。

ここでは、カットオフをわずかに下回るユーザがわずかに上回るユーザへと変化しているため、カットオフ近辺でのデータの分布が大きく変化し

ていることになります。このような状況が発生しているか否かはカットオフ付近でのデータ量（密度）に着目することで判別できます。

rddパッケージでは、この判別のために、DCdensityという関数が用意されています。以下のようにrunvarとcutpointを入力することで、カットオフ前後での密度に対する検定のp値を出力してくれます。

```
> DCdensity(runvar = rdd_data %>% pull(history_log),
+           cutpoint = 5.5,
+           plot = FALSE)
[1] 0.6302935
```

ここでは0.63というp値が得られているため、ユーザが自分の意思で介入グループに入るような状況は起きていないことが分かります。仮に有意な結果が得られた場合は、このデータで推定される効果にはユーザの選択によるバイアスが含まれることを意味します。

■ 5.4.3 LATEの妥当性

RDDによる分析結果は、どのような手法においても実質的にはカットオフ近辺のデータから決まります。このとき得られた効果の推定値はカットオフ周辺における効果を表し、LATEを推定するものです。カットオフ近辺のみでなくデータ全体における平均的な効果と考えるためには、行われた介入の効果がrunning variableの値によっては変化しないという仮定を置く必要があります。残念ながらこの仮定の妥当性をデータから検証する方法はないため、分析者のデータの解釈がこの仮定の現実味を評価することになります。

一方で、全体における平均的な効果を知ることよりもカットオフ付近の効果を知る方が価値があるようなケースも存在します。例えば介入の閾値の変更を施策として考えているような場合は、閾値近辺でのLATEを得ることでほかの閾値における効果との比較を可能にするため、非常に重要と言えます。

5.5 ビジネスにおける介入割り当てルール

　本書でRDDを紹介する大きな理由は、介入の割り当てがルールによっ
て設定されていることがビジネスにおいては非常に多いからです。特に近
年では機械学習や統計モデルを利用した施策の操作が増えており、その際
にも決定論的なルールを用いて介入の意志決定を行うことが多いため、
RDDを用いた分析を行う機会は潜在的に多いと考えられます。

■ 5.5.1　ユーザセグメントへの介入

　今日のインターネット上におけるマーケティング活動では、Data
Management Platform（DMP）などのユーザに関する情報をマーケティン
グに活かすためのツールがあります。このとき、ユーザを特定の属性ごと
にまとめて扱うユーザセグメントを用いることが多くなっています。

　ユーザセグメントを作成する手順は大まかに2つの方法があります。1
つはユーザの属性や特徴をあらかじめ設定したルールで分ける方法です。
もう1つは機械学習や統計モデルによってユーザごとに算出した予測値に
閾値を設けるという方法です。これらの方法によりユーザセグメントが作
られた場合、そのセグメントに対する介入はルールによって割り当てられ
たものとなります。

■ 5.5.2　Uberによる価格変更の分析

　配車アプリとして有名なUberは、RDDを使って経済学者と分析を行
なっていることでも有名な企業です。Uberは特定の場所に移動したいユー
ザとユーザを指定の地点まで送り届けるドライバーのマッチングを随時行
うことで収益を得ているサービスです。あるエリアでユーザの需要が増え
るとドライバーの数が不足するため、Surge Priceと呼ばれる運賃が調整
されるしくみを利用します。上昇した価格を受けてドライバーがそのエリ
アに集まることで、高まった需要を満たすことになります。

　このとき、エリアごとの需要を予測するために機械学習が使われており、モデルの予測値が一定の閾値を超えると価格が1.1倍になり、さらに次の閾値を超えると1.2倍になるといったしくみになっています。この状況を利用し、通常料金から1.1倍にしたとき、1.1倍の料金から1.2倍にしたとき、1.2倍から1.3倍といったさまざまな閾値における価格の変化がユーザとドライバーにもたらす影響をRDDを利用して分析を行っています。このとき価格変更を決定する需要の予測値がrunning variableとして使われます。

　Chen et al.(2016)ではこの状況を利用して、価格の変化に応じてドライバーがどのような反応を示すかを分析しています。これにより価格を増加させることでドライバーがより多く稼ぐために労働時間を増加させ、結果的に需要が満たされていることが分かりました。

　一方Cohen et al.(2016)では同一の状況を利用して、価格の変化がユーザの需要に与える影響を分析しています(図5.7)。ミクロ経済学の入門書において需要曲線と呼ばれる概念が説明されています。ある商品について、ほかのすべての条件が同一の場合には価格が上昇すると需要が低下するという関係性を考えたものです。この研究では、それぞれの閾値で起きる価格の変動が需要に与えた影響を複数のRDDによって推定することで、需要曲線を実際に観測するという試みを行っています。

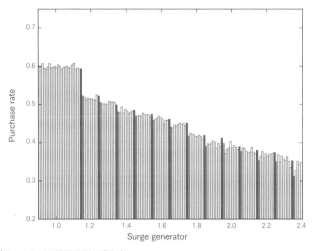

■ 図5.7／Uberにおける需要予測と乗車率

図5.7はCohen et al.(2016)から引用したもので、縦軸に実際にUberのアプリを開いたユーザが乗車する確率を示し、横軸に需要の予測値を示しています。色が付いている棒はそれぞれ価格変動が発生する閾値の前後0.1の予測値のデータを示しています。よって、左側の棒が右側の棒よりも高い場合には価格の変動によって需要が落ち込んだことを示しています。注目すべき点はすべての閾値において、価格が上昇すると乗車確率が低下している点です。

これらの分析は価格の変更がそれぞれユーザの需要とドライバーの供給にどの程度の影響を与えるのかを示してくれます。よって、Uberとしてはよりユーザに利用してもらうプラットフォームを作る目的であったり、より利益を捻出するといった施策をこれらの知識から生み出していくことができると考えられます。

参考文献

- Cohen, Peter, et al. Using big data to estimate consumer surplus: The case of uber. No. w22627. National Bureau of Economic Research, 2016.
- Chen, M. Keith, and Michael Sheldon. "Dynamic Pricing in a Labor Market: Surge Pricing and Flexible Work on the Uber Platform." Ec. 2016.
- Imbens, Guido, and Karthik Kalyanaraman. "Optimal bandwidth choice for the regression discontinuity estimator." The Review of economic studies 79.3 (2012): 933-959.
- Lee, David S., and Thomas Lemieux. "Regression discontinuity designs in economics." Journal of economic literature 48.2 (2010): 281-355.

R と RStudio の基礎

Rは誰でも自由に利用できるフリーソフトウェアです。macOS、Windows、Linuxなどの主要なOSで動作します。その特徴は、統計解析やデータ分析のための機能が豊富に備わっていること、グラフィックス作成を柔軟に処理できることです。また、多くのパッケージが第三者の手によって開発されています。これはRが拡張性に優れていることを示しています。

ここではR本体と、Rを便利に利用するための統合開発環境RStudioのインストール手順を解説します。続いてRとRStudioの基本操作を紹介したあとで、いくつかのパッケージの利用方法について解説します。

A.1 RおよびRStudioのダウンロード

　Rをインストールするには、まずCRAN（The Comprehensive R Archive Network）*1へアクセスします（図A.1）。このページはR本体の配布とパッケージの管理を行なっているWebページです。Rの更新情報もここから見ることができます。

　RのインストーラはOSごとに用意されています。以下ではmacOSとWindowsでのダウンロードとインストールについて説明します。なお、Linuxについてはディストリビューションごとに用意されたバイナリパッケージを利用できます。詳細はCRANトップページにある「Download R for Linux」というリンクを参照してください。ここでは、2019年12月時点でのRの最新バージョンである3.6.2を例に説明していますが、バージョン番号はX.X.Xと表記しますので適宜読み替えてください。

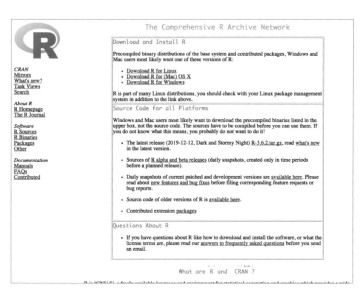

■ 図 A.1／CRANのトップ画面

＊1　https://cloud.r-project.org/　このページは世界各地に存在する CRAN ミラーサイトの中の1つです。国内サーバには統計数理研究所および山形大学が設置したサイトがあります（2019年12月現在）。

　macOSの場合、「Download R for (Mac) OS X」というリンクをクリック
し、その先に表示される「R-X.X.X.pkg」というリンクからインストーラをダ
ウンロードします。Windowsの場合、「Download R for Windows」をクリッ
クした先のページで、「base」というリンクをクリックしてください。そこ
で表示される「Download R X.X.X for Windows」というリンクをクリック
すると、WindowsのRインストーラがダウンロードできます。

■ Rのインストール

　ここではRのインストール方法を説明します。以下、利用するOSに応
じた項目を参照してください。

macOSでのインストール

　インストーラファイル（R-X.X.X.pkg）をダブルクリックします。すると
インストールを説明する画面が表示されます（図A.2）。「続ける」をクリッ
クすると、使用許諾（ライセンス）の表示と使用許諾契約条件への同意を
求める画面が現れます。

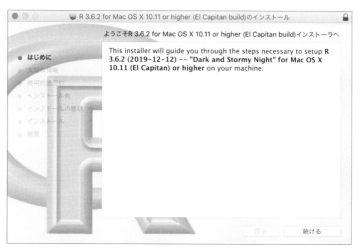

■ **図 A.2** ／ macOSでのRのインストール画面

　使用許諾契約条件に同意すると、Rのインストール先を指定する画面が表示されます。ここでは、「すべてのユーザ用にインストール」を選びましょう。次に表示される「インストール」ボタンを押すとインストールが始まります。なおアプリケーションのインストール時にOSの管理パスワードの入力が求められることがあります。インストールが完了すると、アプリケーションフォルダにR.appというファイルが作成され、Rが利用できるようになります。

Windowsでのインストール

　Windowsでも、ダウンロードした実行ファイルをダブルクリックして起動します。インストールの確認を求めるダイアログが出てきた場合は「はい」を選びます。なお管理者権限の関係でインストーラがうまく起動しない場合は右クリックで「管理者として実行」を選び、インストールを進めてください。

　インストーラを起動すると、言語を選択するウインドウが表示されます（図A.3）。言語を選択すると使用許諾契約条件が表示され、次へ進むとインストール先の指定画面となります。ここは表示されている通り、Cドライブの Program Files 以下に作成しましょう。続いてコンポーネントの選択画面になりますが、使用しているコンピュータが32bit版でなければそのまま次の画面に進みます。以降のオプションも通常はデフォルトの設定のままで構いません。

■ **図 A.3**／WindowsでのRのインストール

■ Rの起動と終了

　インストールしたRを起動してみましょう。macOSではアプリケーショ

ンフォルダ、Windowsではスタートメニュー中にRが表示されます。

　Rを起動するとコンソールと呼ばれるウィンドウが表示されます（図A.4）。この画面の下には>記号が表示されています。>はプロンプトと呼び、Rが入力を待っている状態を示します。

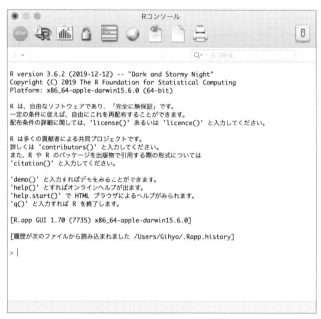

■ 図 A.4／Rの起動画面（コンソール）

　試しに簡単な算術演算を行いましょう。コンソールに1 + 1と入力し「Enter」を押します。次のような出力が確認できるはずです。

```
> 1 + 1
[1] 2
```

　[1]の右側に計算結果が出ています。このようなコンソールで実行する命令をコードと呼びます。

　Rでは単純な四則演算に加えて、高度な計算を実行する関数が利用できます。Rの基本的な操作や関数についての詳細は後述します。ここではいったんRを終了させましょう。

　R を終了させる方法はほかのアプリケーションと変わりませんが、コードで行うこともできます。コンソールに q() と入力すると、現在の作業スペースを保存するかどうかを尋ねられます。ここで保存しないことを表す n を入力すると R が終了します。作業スペースについては本稿の最後に説明します。

```
> # Rを終了する
> q()
```

■ RStudio のインストール

　RStudio は R を便利に利用するためのアプリケーションです。RStudio を導入することで、R の操作、コードの記述、ファイル管理などがより簡単になります。また PDF や Word 形式のレポートや、表現力の豊かなプレゼンテーションをボタン 1 つで作成するなど豊富な機能が備わっています。

　RStudio は RStudio 社の Web サイト（https://www.rstudio.com）からダウンロードします。ページにアクセスすると画面上部のメニューに「Products」というリンクがあります。RStudio には、デスクトップ版とサーバ版の 2 種類がありますが、ここではデスクトップ版を選びます。次に、利用している OS に合わせてインストーラをダウンロードします（https://www.rstudio.com/products/rstudio/#Desktop）。ここでは 2019 年 11 月の時点でリリースされている 1.2.5019 を利用します。インストールが完了すると、R 本体と同じアプリケーションフォルダに RStudio が保存されます。

A.2　RStudio の基本

　RStudio を起動すると、図 A.5 のような画面が表示されます。画面が大きく 3 つのパネル（pane とも言います）に分かれていることが確認できます。これらのパネルの役割について、ここで簡単に説明しましょう。

■ **図 A.5** ／ RStudio の起動画面

■ パネルの役割

画面左側のパネルはコンソールです。R をアプリケーションで起動した際のコンソールと同じです。コンソールに命令を入力して実行させることができます。

画面右側ですが、こちらは 2 つのパネルが上下に並んでいます。上のパネルには複数のタブがあり「Environment」と「History」という表示が確認されるはずです。一方、下のパネルには「Files」、「Plots」、「Packages」、「Help」、「Viewer」というタブが並んでいます。RStudio を操作していると、別のタブが追加されることがあります。ここでは標準的なタブの機能について紹介します。

右上パネルの「Environment」タブでは、現在の作業で扱っているオブジェクトの一覧が表示されます。オブジェクトとは、R で扱うデータや関数などを指します。「Environment」タブの機能を理解するため、試しにコンソールで x <- 1 +1 と実行してみてください。するとタブの中に「x」という項目が追加されるはずです。このコードは、1 足す 1 の実行結果を x という名前で保存しています。この x がオブジェクトになります。また <-

191

は代入記号（演算子）であり、右辺の命令の結果を左辺においたオブジェクトに関連付けます。つまり、このコードを実行すると、以降xは2を表します。

```
> # コンソールへ次の入力を行うと計算結果である2にxという名前が付けられる
> # このxをオブジェクトという
> x <- 1 + 1
```

　Rで作業していると多くのオブジェクトを扱うことになります。「Environment」タブでは、作業中のオブジェクトの中身や種類、あるいはサイズを確認できます。また、オブジェクトの削除や保存といった操作も行えます。

　「Environment」タブにはデータの読み込み機能もあります。「Import Dataset」というボタンを押すと、テキストファイル（いわゆるcsvファイルなど）、Excel形式のファイルなどを読み込むためのダイアログが表示されます。ここで対象のファイルを選ぶことでRにそのデータが読み込まれます。また、SPSSやSAS、Stataといった商用の統計解析ソフトウェアが扱うデータもここから読み込めます。

　「Environment」の横にある「History」タブには、コンソール上で行ったRの操作履歴一覧が記録されています。過去に実行したコードを再び実行したり、ソースファイルに記録するのに役立ちます。また、右にある虫眼鏡アイコンでは履歴を検索したり、過去に行った処理を再度実行することができます。

　続いて画面右下のパネルです。左のタブから順に説明していきます。

　「Files」タブでは、作業中のフォルダにあるファイルなどが階層的に表示されています。RファイルをクリックすることでRStudio上で開くことができます。また、新規のフォルダ追加やファイル名の編集や削除といった操作もこのタブから実行できます。

　「Plots」タブには、Rで作成した画像が表示されます。表示された画像は「Export」ボタンからPDFやPNGの形式で保存することができます。なお生成された画像は履歴として残っており、タブにある矢印ボタンをたどることで、再度表示させることができます。

試しにコンソールに次のコードを入力、実行してみましょう。するとタブに図A.6と同様の図が表示されます。

```
> hist(iris$Sepal.Length)
```

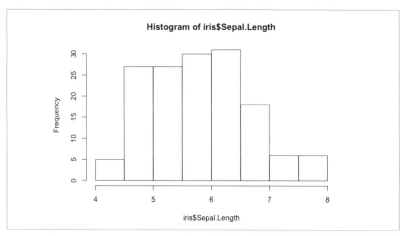

■ **図 A.6**／Plotsタブに表示される図の例

「Packages」タブではパッケージの管理を行います。パッケージとはRを拡張する機能のことで、CRANやBioconductor、GitHubなどのリポジトリからユーザが自由に導入することができます。このタブではリストにあるパッケージ名をクリックすることで、その機能を利用できるようになります。また、ここからパッケージをインストールを行えます。

続いて「Help」タブです。Rには各種オブジェクトについて詳細なドキュメントが用意されており、これを参照するときに使われます。例えばコンソールで?irisと入力して「Enter」を押すと「Help」タブにirisデータ（アヤメの品種とサイズのデータ）の説明が表示されます。ドキュメントにはオブジェクトの説明だけでなく、使い方や関連する項目が表示されます。Rのオブジェクト操作に迷ったらオブジェクト名の頭に?を加えて実行し、逐一ヘルプを参照することをお勧めします。

最後に「Viewer」ですが、このタブは「Plots」と同じく画像の出力のために利用されます。「Plots」と異なる点は、このタブがWebブラウザのよう

な役割を果たす点にあります。Rには、プレゼンテーション用のスライド
を作成する機能があり、このタブで確認、操作ができます。また、Shiny
というRのアプリケーションフレームワークもこのタブで実行されます。

　RStudioの起動直後では、デフォルトでは3つのパネルが並んでいます
が、もう1つ重要なパネルがあります。それはRのコードなどを記録する
スクリプトを操作するソースパネルです。Rのコードを記載するファイル
をスクリプトと呼びます。コードをスクリプトに記録しておくことで操作
をあとで再現できるようになりますし、第三者に配布することも可能にな
ります。

　実際にスクリプトを準備してみましょう。メニューバーの「File」メ
ニューから「NewFile」、そして「R Script」と選ぶと、画面左側のコンソー
ルパネルの上にソースパネルが表示されるはずです。

　スクリプトに記述したコードを実行させるにはパネルの右上にある
「Source」というボタンを押します。あるいはコードの一部だけを処理し
たい場合には、そのコードが書かれている行にカーソルを置く、あるいは
複数の行を選択した状態でパネル上の「Run」ボタンを押します。

　ソースパネルは複数のスクリプトを同時に編集することもでき、これら
はタブとして管理されます。

■ プロジェクトと作業ディレクトリ

　RStudioにはプロジェクトという作業単位があります。プロジェクトで
はデータファイルやスクリプトを1つのフォルダにまとめて管理できます
ので、分析の内容や目的ごとに作業を完全に独立させることができます。

　プロジェクトは、メニューバーより、「File」メニューから「New
Project」を選択して作成できます。ダイアログの「New Directory」を選択
すると、新たにプロジェクト用のフォルダを作成します。2番目の
「Existing Directory」はすでにあるフォルダをプロジェクトに利用するこ
とを意味します。3番目の「Verstion Control」はGitなどのバージョン管理
機能と連携させるための選択肢です。

　ここで「New Directory」を選ぶと、プロジェクトの種類を選択する画面

に移動します。いくつかの項目がありますが、通常のデータ分析作業であれば「New Project」を選びます。ここでは紹介しませんが、このほかにもRでパッケージを作成する、あるいはWebアプリケーションを開発するためのプロジェクトを用意できます。最後に「Directory Name」でフォルダの名前とフォルダの作成先を指定します。フォルダの名前はプロジェクト名として利用されます。そして「Create Project」ボタンを押すと指定されたフォルダにプロジェクトが作成されます。ここではDirectory nameは「new_project」、ディレクトリの位置はユーザディレクトリ以下のドキュメントディレクトリを選択しました（図A.7）。

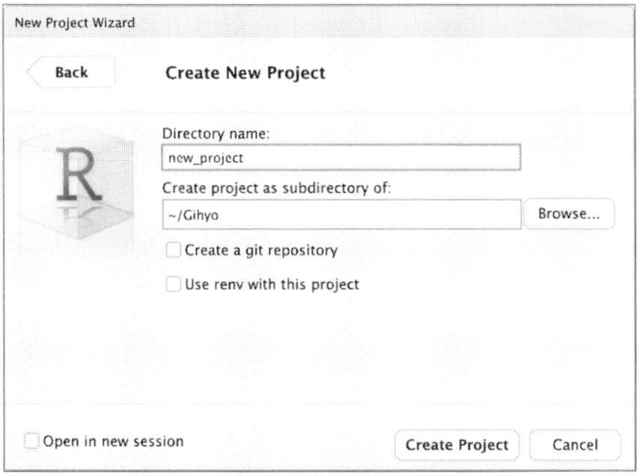

■ 図 A.7／新規プロジェクトの作成画面

　なお、プロジェクト名には日本語やスペースなどの記号を利用しないようにしましょう。RおよびRStudioは海外で開発されたアプリケーションですので、日本語などの文字を認識できずにトラブルが生じる可能性があるためです。

　プロジェクトを利用すると、プロジェクト単位で管理できることを確認してみましょう。コンソールにgetwd()と入力して「Enter」を押してください。すると/Users/Gihyo/new_projectのような出力が得られるはずです。なおWindowsであればC:/Users/Gihyo/new_projectなどとなります。

```
> # 作業ディレクトリの確認
> getwd()
[1] "/Users/Gihyo/new_project"
>
> # Windowsの場合は次のような出力になります
> # [1] "C:/Users/Gihyo/new_project"
```

　getwd()はRで作業を行うディレクトリ（フォルダ）の位置を表示します。ファイルを読み込んだり、あるいは画像を作成する場合、この「作業ディレクトリ（フォルダ）」が読み込みや保存の起点となります。今回のようにプロジェクトを利用していると、作業ディレクトリはプロジェクトを作成した場所になります。

　現在のプロジェクト名は、RStudioの画面右上に表示されています。プロジェク名をクリックすると、現在のプロジェクトを閉じたり、ほかのプロジェクトを開くことができます。また、最近開いたプロジェクトの一覧も表示されるので、プロジェクトの切り替えも容易です（図A.8）。

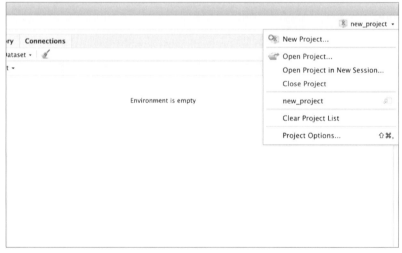

■ **図 A.8** ／RStudioのプロジェクト切り替え画面。右端の窓をクリックすると新規ウィンドウでプロジェクトが立ち上がる。

A.3 Rプログラミングの初歩

さて、ここからRを実行するための命令、すなわちコードを書く方法を解説しましょう。Rはプログラミング言語ですので、ここでの解説はプログラミングの初歩でもあります。

ここではRでのプログラミングの基本となるオブジェクト、関数、パッケージおよび作業スペースについて解説します。

■ オブジェクト

オブジェクトとは文字や数値などを指します。数値の1、3.14や文字の"A"、"あいうえお"もオブジェクトです。また、処理を実行した結果もオブジェクトとして扱われます。

オブジェクトは、名前を付けて保存することができます。保存したオブジェクトは、名前によって参照することができます。以下の例では、数値の1にxという名前を、また文字の"A"に対してyという名前を付けています。なお1行目でシャープ記号（#）の右に説明文を書いていますが、これはコードの実行には影響しないコメントとして扱われます。コードとは別に、主にコードの説明を残すために利用します。Rでは#から改行までをコメントとみなします。

```
> # 数値の1、文字列のAをそれぞれx、yとして保存
> x <- 1
> y <- "A"
```

<-は先にもふれたように、オブジェクトに名前を付ける操作をします。これを代入と呼びます。上の実行例ではxに数値の1を代入しています。これによりxは1を表すことになりますので、以下のような計算ができるようになります。

```
> x + 2
[1] 3
```

　なお文字をオブジェクトとして利用する場合は引用符で囲む必要があります。引用符には一重引用符 ' と二重引用符 " があります。Rではどちらを使っても構いません。ただしオブジェクトを作成するにはいずれかの引用符に統一する必要があります。

```
> # 文字列は引用符で囲む
> "こんにちは"
[1] "こんにちは"
> 'Hello, World!'
[1] "Hello, World!"
```

■ ベクトル

　ベクトルはRでもっとも重要なオブジェクトです。ベクトルは複数の数値や文字をセットにしたオブジェクトです。例えば1から100までの整数100個を次のように表現できます。

```
> # :演算子は配列を生成します
> z <- seq(1, 100)
> z
  [1]   1   2   3   4   5   6   7   8   9  10  11  12  13  14  15  16  17
 [18]  18  19  20  21  22  23  24  25  26  27  28  29  30  31  32  33  34
 [35]  35  36  37  38  39  40  41  42  43  44  45  46  47  48  49  50  51
 [52]  52  53  54  55  56  57  58  59  60  61  62  63  64  65  66  67  68
 [69]  69  70  71  72  73  74  75  76  77  78  79  80  81  82  83  84  85
 [86]  86  87  88  89  90  91  92  93  94  95  96  97  98  99 100
```

　ここでzはベクトルを表し、1から100までの100個の数値を表しています。zをコンソールに入力すると1から100までのすべての数値が出力されていることが分かります。ベクトルに保存される個々の値を要素と呼びます。コンソールの出力の左端にあるかぎ括弧と数値は、その右の要素の

番号を表しています。上の実行例では出力の2行目先頭に[18]とありますが、これは、その右の数値18が、ベクトルの18番目の要素であることを意味しています。ベクトルの要素をかぎ括弧[と順番で指定することを添え字と呼びます。

[はオブジェクトの要素を取り出す演算子です。かぎ括弧の内部で要素の位置や名前を指定します。[演算子を使ったデータ参照の例をいくつか見てみましょう。

```
> # ベクトルの50番目の数値だけを取り出す
> z[50]
[1] 50
>
> # 10番目から15番目の要素を参照
> z[10:15]
[1] 10 11 12 13 14 15
>
> # 5, 10, 15番目の要素を取り出す
> z[c(5, 10, 15)]
[1]  5 10 15
```

またベクトルを作成するにはc()を使うこともできます。

```
> # c()による値の結合
> c("あ", "い", "う", "え", "お")
[1] "あ" "い" "う" "え" "お"
```

ただしRのベクトルでは、異なるデータ型、すなわち文字や数値といった値を混同させることはできません。同じベクトルの中に異なるデータ型が指定された場合、いずれかのデータ型（多くの場合は文字型）に変換されます。

```
> # ベクトル内部で異なるデータ型の要素を含めた場合
> # すべて文字列として扱われる
> c("A", 1, FALSE)
[1] "A"     "1"      "FALSE"
```

■ 関数

　Rではオブジェクトに関数を適用して処理を行います。先ほどの例では、seq()という関数により1から100までの整数を生成しました。また生成された値を、zという名前でオブジェクトとして保存しました。このzの要素をすべて合計した数値を求めるにはsum()という関数を利用します。

```
> sum(z)
[1] 5050
```

　Rのすべての処理は関数の呼び出しにより行われます。この付録でもすでにq()やgetwd()、seq()といった関数を紹介しています。関数は名前のあとに丸括弧が続きます。関数を実行する場合、通常は括弧内にオブジェクトを指定します。関数内に指定するオブジェクトを引数と呼びます。関数は引数に与えられた値を入力値とし、入力に応じた出力を行います。上の例では関数sum()に引数としてzを指定しています。これによりベクトルzの要素の合計（sum）が求められます。

　Rには多数の関数が用意されていますが、ユーザ自身で関数を定義することもできます。試しに"Hello, world!"と表示するだけの関数を定義してみましょう。関数はfunction()という関数によって作成します。

```
> hello_world <- function() {
+     "Hello, world!"
+ }
> hello_world()
[1] "Hello, world!"
```

　定義した関数を実行するには、その名前に丸括弧を加えて実行するだけです。関数定義には引数を追加できます。上の関数を修正して、ユーザが関数を実行した際に引数として与えた名前を表示するようにしてみましょう。

```
> # nameという引数を宣言し、初期値を与える
> my_name_is <- function(name = "Shinya") {
+   paste("Hi, my name is", name, "!")
+ }
>
> # 引数を入力し、出力結果を変化させる
> my_name_is(name = "uribo")
[1] "Hi, my name is uribo !"
>
> # 引数の入力を省略すると、関数で定義された既定値が利用される
> my_name_is()
[1] "Hi, my name is Shinya !"
```

nameが引数名です。この関数では引数nameに=で文字列（ユーザの名前など）を指定できます。なお引数の名前（ここではname）は省略できます。ただし多数の引数が用意されている関数では、混乱を防ぐため引数名を明示的に指定した方が良いでしょう。

```
> my_name_is("uribo")
[1] "Hi, my name is uribo !"
```

Rの関数にどのような引数があるのかを確認するにはヘルプを参照します。sum()であれば、コンソールで?sumと入力して「Enter」を押せば、RStudioの右下の「Help」タブに関数の説明が表示されます。

■ データフレーム

データフレームは、行と列の概念を持つ2次元のデータ構造です。これはExcelのワークシートに近い表現形式で、表（テーブル）とも呼びます。データフレームはRでデータを操作する場合のもっとも基本的なオブジェクトです。ExcelファイルやCSVファイルから読み込まれたデータは自動的にデータフレームになります。ここでは説明のためdata.frame()という関数を使ってデータフレームを生成します。

```
> # データフレームの作成
> # 列名 = 値の形式で指定する
> dat <- data.frame(
+    X = 1:5,
+    Y = c(2, 4, 6, 8, 10),
+    Z = c("A", "B", "C", "D", "E")
+ )
>
> dat
  X  Y Z
1 1  2 A
2 2  4 B
3 3  6 C
4 4  8 D
5 5 10 E
```

データフレームの行もしくは列を参照するには、[および$演算子を利用します。それぞれの演算子の利用方法を以下に示します。

[は、ベクトルでは要素番号を指定しましたが、データフレームでは、かぎ括弧の内部をカンマで区切り、カンマの前に行番号を、そしてカンマのあとに列番号を指定します。以下の実行例で1行目全体を指定しています。カンマのあとは列の指定ですが、ここでは空白になっています。この場合、すべての列が指定されたことになります。

```
> dat[1, ]
  X Y Z
1 1 2 A
```

次に列を指定してみます。かぎ括弧内でカンマのあとに3を指定することで3列目全体を表示できます。なおカンマの前、すなわち行指定を空白としたので、すべての行が表示されることに注意してください。

```
> dat[, 3]
[1] A B C D E
Levels: A B C D E
```

行番号と列番号をそれぞれ指定して実行してみます。1行目のデータの2列目の要素の値を取り出してみましょう。

```
> dat[1, 2]
[1] 2
```

このように、[と , で参照する位置を指定することでデータフレームの値が取り出せます。また、列の指定には列名を直接与えることもできます。

```
> dat[, "X"]
[1] 1 2 3 4 5
```

次に $ 演算子を利用したデータの参照方法を紹介します。データフレームのオブジェクト名に $ を続けて列名を指定すると、その列の値がベクトルとして返されます。

```
> dat$Y
NULL
```

■ 行列

行列はデータフレームと同様に行と列からなる2次元のデータです。データフレームでは文字列からなる列と数値からなる列を1つにまとめることができましたが、行列ではすべての要素が同じデータ型でなければなりません。行列の例を以下では matrix() で生成します。matrix() では nrow と ncol で行と列のサイズを指定します。

```
> m <- matrix(1:9, nrow = 3, ncol = 3)
> m
     [,1] [,2] [,3]
[1,]    1    4    7
[2,]    2    5    8
[3,]    3    6    9
```

行列の処理例を以下に示します。

```
> # 各要素に対する積をとる
> m * 3
     [,1] [,2] [,3]
[1,]    3   12   21
[2,]    6   15   24
[3,]    9   18   27
>
> # 2つの行列の積を求める
> m %*% m
     [,1] [,2] [,3]
[1,]   30   66  102
[2,]   36   81  126
[3,]   42   96  150
>
> # 行の総和を求める
> rowSums(m)
[1] 12 15 18
>
> # 列の平均を算出
> colMeans(m)
[1] 2 5 8
```

　行列の要素を参照するには、データフレームと同じく[演算子を利用します。行や列の指定方法はデータフレームと同様です。[の中でカンマを用いて参照する行と列の位置を添え字で指定します。いずれかを省略した場合には、すべての行または列を取得することになります。なお[を利用すると行列がベクトルに変換されることがあります。これを避けるには[にdrop = FALSEを追記します。

```
> # 2行目の値を参照
> m[2, ]
[1] 2 5 8
> # 3列目の値を参照（ベクトルに変換される）
> m[, 3]
[1] 7 8 9
> # 3列目を行列のまま出力する
```

```
> m[, 3, drop = FALSE]
     [,1]
[1,]   7
[2,]   8
[3,]   9
>
> # 2行目3番目の値を参照
> m[2, 3]
[1] 8
```

■ パッケージの利用

　パッケージはRに新しい機能を追加するしくみです。Rをインストール
するといくつかのパッケージがすでに利用できますが、ユーザは必要に応
じてパッケージを追加できます。パッケージはCRANが管理・配布して
いるほか、Bioconductor、GitHubリポジトリ経由でもインストールでき
ます。

　例としてExcel形式のファイルを利用するためのパッケージを導入して
みましょう。readxlというパッケージを利用します。パッケージのインス
トールにはinstall.packages()を利用します。コンソールあるいはスク
リプトに以下のようにパッケージ名を指定して実行します。

```
> install.packages("readxl")
```

　インストールが完了すると、コンソールにThe downloaded source
packages are in ~という表示が出たあとに、次の入力を受け付ける状態
になります。これでインストールできました。

　インストールされたパッケージはlibrary(パッケージ名)を実行するこ
とで読み込まれ、利用できるようになります。パッケージの読み込みはR
を起動するたびに1回だけ必ず実行する必要があります。

```
> library(readxl)
```

　パッケージにどのような関数が備わっているかはヘルプ関数で確認できます。次のようにpackage引数に対象のパッケージ名を指定します。

```
> help(package = "readxl")
```

　すると「Help」タブにパッケージのドキュメントが一覧表示されます。中を見ると、read_excel()という関数があり、Read xls and xlsx filesという説明文が併記されています。

　ここから、この関数を使ってExcelファイルがR上で読み込めることが分かります。read_excel()の詳しい使い方を見るには、関数名のリンクをクリックします。

　ドキュメントを見ると、関数の第1引数pathに対象のExcelファイルが置かれているパス名を与えることが指示されています。指示に従い、read_excel()にExcelファイルのファイル名を与えて実行してみます。

```
> dat <- read_excel("MyWorkSheet.xlsx")
```

　「Environment」タブにdatが追加され、RにExcel上のデータが読み込まれました。この関数の第2引数にはシート番号を指定するオプションが用意されています。またそれ以外にも豊富なオプション引数が用意されています。

■ 作業（ワーク）スペース

　ここまでRStudioにおいて複数の処理を実行してきました。ここでもう一度「Environment」タブの状態を確認してみましょう。リストには複数のオブジェクトが登録されているはずです。これらのオブジェクトをまとめて作業（ワーク）スペースイメージ、あるいは単に作業（ワーク）スペースと呼びます。この状態でRStudioを終了させようとすると、「Save workspace image to …」という確認のダイアログが表示されるはずです。あるいは、スクリプトを編集中であれば、スクリプトと作業スペースのそ

れぞれについて保存するかどうかを尋ねられます。スクリプトについては
マウスでチェックボックスをクリックして保存すべきですが、作業スペー
スについては保存の必要はないでしょう。

　作業スペースを保存すると次回の起動時に前回作成したオブジェクトが
自動的に再現されますが、前回の作業から時間が経っている場合、それぞ
れのオブジェクトの状態を正しく再現できる保証はありません。誤った分
析結果を導き出してしまうのを避けるためにも、オブジェクトはRを起動
するたびに用意しておいたスクリプトを実行し直して改めて生成すべきで
す。RStudioのメニューから「Tools」、「Global Options」、「General」を選
ぶと、真ん中に「Save workspace to .Rdata on exit」という項目がありま
す。ここで「Never」を選択しておくと、終了時に作業スペースの保存を
うながすダイアログは現れなくなります。なおRを起動してから終了する
までを特にセッションと呼びます。

　ここまで、RおよびRStudioの基本操作を解説してきました。より詳細
な情報を必要とする場合は次に挙げる書籍を参考にしてください。

- 「Rで学ぶデータ・プログラミング入門: RStudioを活用する」
  石田基広 著；共立出版；2012年
- 「RユーザのためのRStudio[実践]入門: tidyverseによるモダンな分
  析フローの世界」
  松村優哉，湯谷啓明，紀ノ定保礼，前田和寛 著；技術評論社；2018年

因果推論をビジネスに
するために

本書ではより正しい施策・介入の効果を検証する方法について解説してきました。ビジネスにおいて価値を発揮するためには、これらの手法に関する知識を得るだけで十分とは言えません。むしろ、これらの手法を「どのような環境」で「どのように使うか」が重要です。残念ながらこれらを体系的に解説したものはありません。本書の最後に、著者の体験をもとに、因果推論は「どのような環境」が適していて「どのように運用するのか」について議論します。

因果推論を活用できる環境とは

　本書ではより正しい施策の効果を知ることが好ましいという前提のもとに、施策の効果の測り方について解説してきました。しかし、これらの知識を利用することが本当にビジネスの貢献になるのかはビジネスモデルに大きく依存します。因果推論がビジネスに価値をもたらす状態になるためには、**より正しい情報がより多くのビジネス上の価値をもたらす**という条件が必要です。この条件が成立しない状況では、因果推論の価値がないどころか、むしろビジネスにとって邪魔になることも考えられます。

　例えば施策や介入をクライアント企業から受注して実行するような場合、受注した側が施策の効果を検証するケースが多く見られます。この効果分析については契約の受注を左右する情報のため、できる限りポジティブなものであってほしいという受注側のバイアスが発生します。よって、施策受注側の立場としては、むしろバイアスのある分析結果の方が喜ばれ、大量の目的変数に対する探索的な分析が好まれます。このような場合、因果推論を行いより正しい効果を見つけることのビジネス的価値は、施策の実行受注側の観点では限りなく低くなります。

　一方で、バイアスによって効果がありそうに見えてしまう分析は、契約を継続できる可能性を残します。つまり、少なくとも短期的な目線では、このようなバイアスを含む分析は価値が高いということになってしまいます。受注して施策を実行するようなビジネスの分析現場においては、典型的なインセンティブ構造であり、このような状況はさまざまな業種で散見

されます。そこでは、とりあえずデータを渡されて「何か面白い関係性を見つけてほしい」のように、目的が不明瞭な依頼が横行します。そしてその結果、都合の良い分析結果のチェリーピッキングが行われ、ビジネスに対して影響をおよぼさない分析と議論が繰り返されることになります。クライアント側が因果推論の知見を持つようになるか、施策の実行とは別に評価を行うプロジェクトを持つようにならなければ、この状況は変わらないでしょう。

　正しい施策の効果を知ることが好ましいという前提のもとで考えると、分析結果をサービス利用ユーザに提供する立場ではなく、自社で活用しサービスを改善していくポジションへ転職することも選択肢の1つです。自社サービスの改善であれば、より正しい情報が売上につながるという観点を持っているケースが比較的多いため、因果推論が価値をもたらす可能性が高くなります。また、目標が施策の効果ではなく、事業の売上などに置かれることが多いという点もポイントです。このような理由からWeb系の企業ではABテストが多く導入されており、施策の比較なども実験的な視点で行われることが多くなっています。

　しかし、このような企業が無条件に良い環境を持つとは限りません。多くの事業はその構造の複雑さゆえに、施策の評価が事前に分かりづらいという問題があります。この問題に直面したときに、会議で力の強い存在、つまり最も給料が高いと思われるような人物がアイデアを決めがちになります。これをABテストを生業にするアナリストの間でHiPPO（Highest Paid Person's Opinionの略）と呼びます[*1]。このような状況に陥っている場合には、意思決定の文化から根本的に変える必要があります。

　もし因果推論でビジネスに対する価値を発揮したいのであれば、「正しい情報がビジネスの価値になる」という構造を持っている環境へ移るか、もしくはそのような環境を作ることを強くお勧めします。

＊1　https://exp-platform.com/hippo/

より正しい意思決定をするために

　因果推論を活用できる環境があったとしても、得られたデータから可能な限り正しい情報を得ることだけが分析者の役目ではありません。実務においては、効果の測り方という技術だけでなく、どのようなプロセスの中でその技術を使っていくべきかについても考える必要があります。

　あるアイデアをもとに行われた介入が、期待通りの機能を果たしているか、そしてその機能は十分な量の効果をもたらしているのかを検証するのが因果推論です。与えられたデータから面白い関係性や隠された関係性が自動的に発見するような道具ではありません。そして、因果推論の手法はいついかなるときにでも利用できるわけではなく、本書で確認したようないくつかの仮定が満たされているという前提が必要でした。よって、因果推論をもとにしたより正しいと思われる意思決定を行うためには、次の2つが要求されます。

- 施策・介入の目的を明確にすること
- 手法の仮定が満たされる状況を作ること

施策・介入の目的を明確にすること

　ビジネスにおいて施策・介入が何のために行われるのかは、一見明確な設計があるように思われます。しかし、実際にはむしろ何が目的かよく分からず、その評価として何を見るべきなのかも分からないことがほとんどです。もしサービスやKPIの改善を望むのであれば、分析者は施策・介入が何を目指すべきなのかを設計し、その上で何を計測するのかを考える必要があります。

　施策の目的が明確になっていない状態での分析は、手当たり次第に計測してみるという労働集約型分析への入り口です。このような状況では、1つの施策の効果を測るために大量のKPIを見ることになり、その中でたまたま都合の良い結果だけをレポートに採用するような事態にもなり得ま

す。このほかにも、その効果が本質的であるかよりも、効果を測りやすいという特性に着目して、意味のない分析をひたすら続けるようなことにもなりかねません。技術的にさまざまな効果を計測できる場合でも、これが決して最善の一手とは限らないことを肝に銘じましょう。

しかし残念なことに、このような施策・介入の計測対象の設計に関しては、体系化された知識や学問分野があるわけではありません。経済学のような数理を用いる社会科学、もしくはオペレーションズリサーチにおいてもこのような取り組みが行われることがあるため、それらの分野について学んでみるもの良いかもしれません。例えば経済学であればレヴィット（2017, 2018）を読んでみるのがお勧めです。

ABテストにおいては、Overall Evaluation Criterion（OEC）という話題があります。ある介入がサービスに対して良い影響を与えるか否かをうまく表す変数を1つ定義するべきだといった議論です。一方でOECの設定に失敗した場合、効果検証を繰り返した結果、サービスが迷走してしまうという主張もされています[2]。

手法の仮定が満たされる状況を作ること

例え施策の目的が明確で、その効果に関する情報がビジネスにおいて重要だとしても、実験によってそれが正しく分析ができる状態でなければ何も話は進みません。一方で実験を行うことは、ビジネスにおいてそれなりにコストを発生させることもまた確かです。

因果推論の手法は、実験のコストを払えない場合や実験自体できない場合でも検証を可能にします。とはいえ、いつどんなときでも利用できるのが因果推論の手法というわけではなく、利用できる範囲には限界があります。そのためには、因果推論が利用可能な状況を保つための事前の設計が重要です。例えば、施策や介入の割り振りにランダム性を含めたり、必要になる共変量を用意するためのデータを整理したりすることなどが考えられます。

＊2　https://www.youtube.com/watch?v=kTAFOCynWlg&feature=youtu.be

また施策や介入の割り当てに人の意思が介在するような場合、その意思決定を行う人物とのコミュニケーションも重要です。前回までの施策実行時には考慮されていなかった要素が、新たに加味されることが起こり得るからです。本来考慮するべき共変量が多くなっているにも関わらず、それを知らずに分析を行うことになりかねません。それを知らないがゆえにログデータを残していないといった状況も考えられます。

　機械学習や統計モデルを用いた意思決定ができれば、このようなコミュニケーションの重要性は低くなります。しかし、これを実現するには機械学習の知識を身に付けた上で、因果推論が適応できる状態を設計することが必要です。ここでは「介入についてどのような意思決定ルールを設計するべきなのか」が最大の関心です。多くの場合、モデルの学習に使ったログデータなどが残っているため、どういったデータが加味されて介入の意思決定が行われているかが分かります。したがって、意思決定ルールの設計には、大まかには3章や5章で解説したような方法をとることが考えられます。つまり、予測値に閾値を使うような方法と、予測値に応じて介入の確率が高まるような方法です。5章のRDDの解説で確認したように、閾値を使ったルールの場合に推定ができる効果は閾値周辺の効果という限定的なものです。可能な限り、予測値に応じて介入の確率が上がる方法をとることが望ましいです。

　このような設計を応用した分析は、バンディットアルゴリズムのオフライン評価などでよく利用されています。しかし、KDD、NIPS、WSDM、AAAIといった学会において論文が出ているだけで、まだ体系的に学べるような状況ではありません。興味のある方はOff-Policy Evaluation、Counterfactual Machine Learningといったキーワードで調べてみると良いかもしれません。

高次元の共変量を扱うためのRパッケージ

機械学習や統計モデルを意思決定に用いる場合、さまざまな種類の要因が介入に影響を与えるため、高次元の共変量を扱う必要があります。

高次元の共変量を使った因果推論は、近年盛んに研究が行われている分野となっており、Rのパッケージが公開されはじめています。例えばChernozhukov et al. (2018)では、回帰分析を用いた効果の推定を高次元のデータで行うための方法が提案されています。この手法はdmlmtパッケージとしてGitHub上で公開されています*3。

また傾向スコアにおいては、Imai and Marc (2014)のように高次元の共変量のバランスを直接最適化するような方法が提案されており、これはCBPSパッケージとして公開されています*4。CBPSは3章で紹介したWeightItパッケージにおいても利用できます。

 ## より強い因果効果を得るために

本書では平均的な効果を推定する方法を紹介しました。これらを使うことで過去の施策や介入の効果を確かめ、施策を継続するかどうか意思決定に利用できます。しかし、より効率の良い施策・介入の意思決定を行うためには、平均的な効果だけでなく個人や属性ごとの効果(Individual Treatment Effect；ITE)を考える必要性があります。もしユーザの属性ごとにメールの効果が分かれば、より効果の強いユーザへ配信を集中することでサービスの売上をより向上させることが可能です。このようにITEを考慮することのビジネス上の価値が非常に高い一方で、1章で確認した通り個人ごとの効果はそもそも観測ができないという大きな問題も立ちはだかっています。

近年ではこのITEをいかに推定・予測するかが機械学習の1つの応用と

＊3 https://github.com/MCKnaus/dmlmt
＊4 https://cran.r-project.org/web/packages/CBPS

して発展してきています。Athey (2019) は機械学習の代表的な手法の1つ
である Random Forest を応用して、ITEを推定できる Generalized
Random Forest という手法を提案しました。これは R では grf というパッ
ケージとして公開されています[*5]。また一方では Uplift Model と呼ばれる
アプローチがあります。大まかには、RCT を行ったデータを学習データ
として ITE を予測するような方法です。R においては tools4uplift という
パッケージが公開されています[*6]。

　ITE の推定や予測は夢のあるトピックです。しかしモデルの評価方法な
どはまだ確立しておらず、繰り返し使うときに何に気を付けるべきかのよ
うな情報もまだ見つかりにくい状況です。実務で使うためにはまだまだ難
しい手法とも言えます。

参考文献

- Chernozhukov, Victor, et al. "Double/debiased machine learning for treatment and structural parameters." (2018): C1-C68.
- Imai, Kosuke, and Marc Ratkovic. "Covariate balancing propensity score." Journal of the Royal Statistical Society: Series B (Statistical Methodology) 76.1 (2014): 243-263.
- Athey, Susan, Julie Tibshirani, and Stefan Wager. "Generalized random forests." The Annals of Statistics 47.2 (2019): 1148-1178.
- 「レヴィット ミクロ経済学　基礎編」スティーヴン レヴィット, オースタン グールズビー, チャド サイヴァーソン 著；安田洋祐 監訳；高遠裕子 訳；東洋経済新報社；2017年
- 「レヴィット ミクロ経済学　発展編」スティーヴン レヴィット, オースタン グールズビー, チャド サイヴァーソン 著；安田洋祐 監訳；高遠裕子 訳；東洋経済新報社；2018年

＊5　https://github.com/grf-labs/grf
＊6　https://arxiv.org/abs/1901.10867

索 引

パッケージ

■ 著者プロフィール

安井 翔太(やすいしょうた)

2013年にNorwegian School of Economicsにて経済学修士号を取得し株式会社サイバーエージェント入社。
入社後は広告代理店にて広告効果検証等を行い、その後2015年にアドテクスタジオへ異動。以降はDMP・DSP・SSPと各種のアドテクプロダクトにおいて、機械学習に関する業務やデータを元にした意思決定のコンサルティングを担当。現在はAILabの経済学チームのリーダーとして経済学と機械学習の融合に関する研究を行う一方で、Data Science Centerの副所長として社内のデータサイエンスプロジェクトのコンサルティングも担当。

- Twitter：@housecat442
- http://www.housecat442.com/

■ 監修および制作協力者プロフィール

株式会社ホクソエム

本書の監修および付録執筆を担当。マーケティング・製造業・医療等の事業領域において、受託研究、分析顧問、執筆活動を展開している。最近は分析顧問案件増加中。各メンバーが修士・博士号取得者であることを生かし、アカデミアとの共同研究も展開。能管(能の笛)を探しています。家族・親戚・知人に蔵をお持ちの方、ご紹介ください。

- 連絡先：ichikawadaisuke@gmail.com

清水 琢人(しみずたくと)

本書のレビューを担当。都内のIT企業で人事データやECサイト注文データ等の分析に従事。最近興味があることは、因果推論＋機械学習、差分プライバシーなどのプライバシー保護技術、shinyによるアプリ開発、スパイスカレー作りなど。

- Twitter: @saltcooky

松村 優哉(まつむらゆうや)

本書のレビューを担当。学生時代に因果推論のマーケティングへの応用を学び、現在は都内の人材系企業にてデータ分析基盤の構築、データ分析、データサイエンスの啓蒙活動などを担当。最近の興味はデータ分析におけるプライバシー保護技術。共著に『Rユーザのための RStudio [実践] 入門─tidyverseによるモダンな分析フローの世界─』(技術評論社, 2018)。

- Twitter: @y__mattu

●装丁　　　　　　　　図工ファイブ
●誌面デザイン・DTP　BUCH+
●担当　　　　　　　　高屋卓也

効果検証入門
正しい比較のための因果推論／計量経済学の基礎

2020 年 1 月 31 日　初版　第 1 刷発行
2023 年 5 月 16 日　初版　第 8 刷発行

著　者　　　安井翔太
監　修　　　株式会社ホクソエム
発行者　　　片岡 巌
発行所　　　株式会社技術評論社
　　　　　　東京都新宿区市谷左内町 21-13
　　　　　　電話　03-3513-6150　販売促進部
　　　　　　　　　03-3513-6177　第 5 編集部
印刷／製本　日経印刷株式会社

ISBN978-4-297-11117-5 C3055
Printed in Japan

【お問い合わせについて】
本書に関するご質問は記載内容について
のみとさせていただきます。本書の内容
以外のご質問には一切応じられませんの
で、あらかじめご了承ください。なお、
お電話でのご質問は受け付けておりませ
んので、書面または FAX、弊社 Web サイ
トのお問い合わせフォームをご利用くだ
さい。

〒 162-0846
東京都新宿区市谷左内町 21-13
株式会社技術評論社
『効果検証入門』係

FAX　03-3513-6173
URL　https://gihyo.jp

ご質問の際に記載いただいた個人情報は回答以
外の目的に使用することはありません。使用後
は速やかに個人情報を廃棄します。